Die 12 Phänomene der Schwingungen

Entwürfe für die Zukunft – Band 3

Kontakt: www.HarryEilenstein.de
Harry.Eilenstein@web.de
Harry Eilenstein bei youtube

Impressum: Copyright: 2022 by Harry Eilenstein – Alle Rechte, insbesondere auch das der Übersetzung, vorbehalten. Kein Teil des Buches darf ohne schriftliche Genehmigung des Autors und des Verlages (nicht als Fotokopie, Mikrofilm, auf elektronischen Datenträgern oder im Internet) reproduziert, übersetzt, gespeichert oder verbreitet werden.

Verlag: BoD · Books on Demand GmbH, Überseering 33, 22297 Hamburg, bod@bod.de
Druck: Libri Plureos GmbH, Friedensallee 273, 22763 Hamburg

ISBN: 978-3-8192-0906-2

Inhaltsübersicht

Warum 12?

Alle Bücher dieser Reihe haben genau 12 Kapitel – was sich ja auch in den Titeln dieser Bücher widerspiegelt. Warum?

In diesen Büchern wird der Tierkreis als Matrix von 12 verschiedenen Sichtweisen auf die Welt verwendet, um das Thema des Buches möglichst umfassend in 12 Kapiteln zu betrachten. Dadurch wird eine ausgewogenere, umfassendere und tiefere Einsicht in das jeweilige Thema erlangt als es ohne ein solches Raster, ohne eine solche Matrix möglich wäre.

Der Tierkreis wird in dieser Buch-Reihe als Forschungs-Hilfsmittel benutzt, durch das die Einseitigkeiten in der Betrachtung zumindest vermindert werden können. Weiterhin werden durch dieses Vorgehen diese 12 Sichtweisen auch als Ergänzungen zueinander, als organische Teile eines Ganzen deutlich.

Die Inspiration zu diesem Vorgehen stammt aus Hermann Hesses Roman „Das Glasperlenspiel", für das er 1946 den Literatur-Nobelpreis erhielt. In diesem Roman beschreibt er die öffentlichen Darstellungen von Übersichten und Gesamtbetrachtungen, die mithilfe von verschiedenen allgemeinen Strukturen wie z.B. dem Ba Gua aus dem chinesischen Feng-Shui angefertigt und aufgeführt werden.

Diese Buch-Reihe ist ein Versuch, Hesse's Idee im ganz Kleinen konkret zu verwirklichen.

Die Blickwinkel der 12 Tierkreiszeichen sind:

♈	Widder:	Spontaner
♉	Stier:	Genießer
♊	Zwilling:	Neugieriger
♋	Krebs:	Familienmensch
♌	Löwe:	Egozentriker
♍	Jungfrau:	Handwerker
♎	Waage:	Schöngeist
♏	Skorpion:	Tiefgründiger
♐	Schütze:	Idealist
♑	Steinbock:	Realist
♒	Wassermann:	Theoretiker
♓	Fische:	Träumer

1. Formel

♈

Eine Schwingung ist eine regelmäßige Bewegung in einem Medium, also die regelmäßige Bewegung einer großen Anzahl meistens ähnlicher oder gleicher Teilchen. Diese Bewegung kann eine Auf- und Ab-Bewegung sein, eine Hin- und Her-Bewegung oder ein Wechsel von verschiedenen Dichten.

Die bekannteste Art der Schwingung sind sicherlich die Wellen im Wasser.

Eine Schwingung kann durch drei Größen beschrieben werden:

- Die **Frequenz** ist die Häufigkeit der Schwingung pro Sekunde. Das physikalische Symbol für sie ist „ν", das „Ny" ausgesprochen wird. Die Maßeinheit ist „Hz" („Hertz").

- Die **Wellenlänge** ist die Entfernung zwischen zwei Wellen-bergen. Das physikalische Symbol für sie ist „λ", das „Lambda" ausgesprochen wird. Die Maßeinheit ist „cm".

- Die **Phasengeschwindigkeit** ist die Geschwindigkeit, mit der sich die Welle ausbreitet. Das physikalische Symbol für sie ist „ v", das „Vau" ausgesprochen wird. Die Maßeinheit ist „ Hz ". Die Maßeinheit ist „cm". (Das „ν" und das „v" sehen recht ähnlich aus.)

Die Formel, mit der der Zusammenhang zwischen diesen drei Größen beschrieben wird, lautet:

Frequenz = Wellengeschwindigkeit durch Wellenlänge

$f = v / \lambda$, wobei f die Frequenz, v die Wellengeschwindigkeit (oftmals die Lichtgeschwindigkeit c im Vakuum) und λ die Wellenlänge ist.

Eine gibt noch eine vierte Größe, die für die Stärke (Kraft) und die Energie der Schwingung verantwortlich ist:

- Die **Amplitude** ist die Entfernung zwischen dem Wellental und dem Wellenberg. Das physikalische Symbol für sie ist „y", das „Ypsilon" ausgesprochen wird. Die Maßeinheit ist „cm".

Schließlich gibt es noch die allgemeine Form der Wellen:

- Die Grundform aller Wellen ist die **Sinuskurve**.

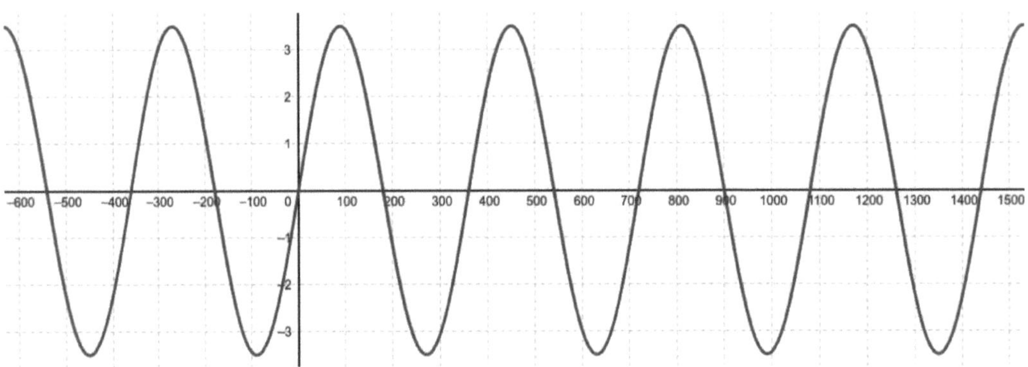

Weitere bekannte Wellen neben den Wasserwellen sind der Schall und das Licht. Das Licht breitet sich mit 300.000.000m/sec aus – der Schall hingegen nur mit 343m/sec. Daraus ergibt sich, dass man bei einem Gewitter immer zuerst den Blitz sieht und erst danach den Donner hört. Aus dem Abstand zwischen Blitz und Donner kann man daher die Entfernung von dem eigenen Standort bis zu dem Gewitter berechnen: pro drei Sekunden zeitlichem Abstand ein Kilometer.

Schwingungen sind Wellen, d.h. Sinuskurven.

2. Dualismus

♉

In der Physik wurde um 1900 von Max Planck und um 1905 ergänzend von Albert Einstein nachgewiesen, dass sich das Licht sich sowohl wie eine Welle als auch wie ein Teilchen verhalten kann. Es gibt Versuche, bei denen es sich eindeutig wie ein Teilchen verhält und bei denen das Verhalten des Lichtes nicht durch die Wellentheorie erklärt werden kann, aber es gibt auch Versuche, bei denen sich da Licht eindeutig wie eine Welle verhält und bei denen das Verhalten des Lichtes nicht durch die Teilchentheorie erklärt werden kann.

Dieser Welle/Teilchen-Dualismus geschieht jedoch nicht willkürlich. Bei Beobachtungen, bei denen das Licht (als Lichtstrahl) weiterbesteht, verhält es sich wie eine Welle – bei Beobachtungen, bei denen sich das Licht jedoch auflöst (zu Wärme in einem Gegenstand wird), verhält es sich wie ein Teilchen.

Solange das Licht weiterbesteht, bewegt es sich und die Bewegung bleibt erhalten und prägt die dabei entstehenden Phänomene. Wenn es jedoch zu existieren aufhört (weil es auf einen Gegenstand prallt), verwandelt sich das Licht in die Wärme des Gegenstandes, auf den es aufgeprallt ist. Das Licht ist also eine Einheit, die sich als Ganzes wie eine Welle bewegt, aber sich bei seiner Verwandlung in Wärme wie ein Teilchen verhält.

Einstein hat um 1905 durch die Spezielle Relativitätstheorie und 1916 durch die Allgemeine Relativitätstheorie bewiesen, dass jede Materie in Energie verwandelt werden kann. Materie ist somit „gefrorenes Energie". Dies wird von der berühmten Formel $E=mc^2$ beschrieben.

Da erstens Licht Energie ist, zweitens Licht sowohl ein Teilchen als auch eine Welle ist, und drittens jede Materie auch Energie ist, ergibt sich daraus, dass jede Materie auch eine Welle ist.

Und weil Wellen eine Form der Schwingung sind, kann man jedes Teilchen und jede Materie auch als Welle auffassen.

Teilchen verhalten sich auch tatsächlich ab und zu wie eine Welle. So kann ein

Elementarteilchen, das fest in ein Atom eingebunden ist, sich gelegentlich auch mal wie eine Welle verhalten und dadurch aus dem Atom fortfliegen. Auf diesem Prozess beruht z.B. der radioaktive Zerfall von Uran u.ä.

Dieser Effekt, der auf dem Welle/Teilchen-Dualismus beruht, wird „Tunneleffekt" genannt. Dadurch, dass sich ein Elementarteilchen ab und zu auch mal wie eine Welle verhalten kann, hat es die Möglichkeit, wie durch einen Tunnel aus dem Atom zu entfliehen.

Es gibt auch die Möglichkeit, dass mehrere Elementarteilchen gleichzeitig „tunneln", sodass sie als eine Einheit, die aus mehreren Elementarteilchen besteht, aus dem Atom fliehen können.

Dieses Ereignis wird natürlich umso seltener, je größer die Anzahl der Teilchen in der Einheit wird, die gemeinsam zu tunneln versuchen. Wenn man einen Tennisball gegen eine Eiche wirft, muss man sich auf viele Milliarden Jahre des Werfens einstellen, bis sich tatsächlich mal alle Elementarteilchens in diesem Tennisball gleichzeitig zum Tunneln entschließen können und der Ball einfach durch die Eiche hindurchfliegt.

Obwohl dieser Tunneleffekt bei allen größeren Gegenständen praktisch nicht beobachtet werden kann, liegt ihm doch die Tatsache zugrunde, dass jeder Gegenstand auch eine Welle ist und daher auch eine bestimmte Schwingung hat.

Diese Welle ist der Energie-Zustand eines Materie-Gegenstandes. Da man Materie in Energie, also in Licht verwanden kann, kann man jeden Gegenstand auch als Licht, d.h. als eine elektromagnetische Welle auffassen.

Das ist jetzt zwar ziemlich vereinfacht beschrieben, aber grundsätzlich richtig.

> Alles ist sowohl ein Teilchen, also feste Materie, als auch eine Welle.

3. Vielfalt

Ⅱ

Es gibt drei Arten von Wellen, also mehre Möglichkeiten, wie etwas schwingen kann. Die Unterscheidung dieser drei Wellenarten ist für das Verständnis von Schwingungsphänomenen hilfreich:

Die **Druckwelle** wird auch „Longitudinalwelle" und „Längswelle" genannt. Sie schwingt in der Richtung ihrer Ausbreitung hin und her.

Das bedeutet, dass ein anfänglicher Stoß z.B. das Wasser verdichtet und diese Verdichtung sich dann in dem Wasser als Welle weiter ausbreitet. In dem Wasser pflanzt sich als ein Wechsel von Verdichtung und Verdünnung fort.

Solche Wellen gibt es in Gasen und in Flüssigkeiten – dort sind sie langsamer als Transversalwellen (die gleich noch beschrieben werden). In Festkörpern sind sie hingegen schneller als Trans-versalwellen.

Beispiele für Druckwellen sind:

- **Schallwelle in der Luft** (Sprache, Vogelzwitschern)

- **Schallwelle im Wasser** (Gesang der Wale unter Wasser, Klang von Schiffsmotoren)

- **Schallwelle in Festkörpern** (Klopfen auf einen langen Balken und Ohr an dem Balken; „Telefon" aus zwei Blechdosen und einer gespannten Schnur zwischen ihnen)

- **Stauwelle** (der Stau auf einer Autobahn schiebt sich in Fahrrichtung gesehen allmählich nach hinten)

- **Erdbebenwelle** (sie breitet sich in der Erde aus)

- **Menschenreihe** (eine lange Reihe von Menschen steht nebeneinander und wird an einem Ende angestoßen)

- **Nerven** (die elektrischen Ladungen in den Nerven werden wie eine Menschenreihe angestoßen)

Die <u>**Schubwelle**</u> wird auch „Transversalwelle", „Querwelle" und „Scherwelle" genannt. Sie schwingt senkrecht zu ihrer Ausbreitungsrichtung auf und ab.

Diese Art von Welle findet sich an Oberflächen, in Festkörpern oder im leeren Raum. Da es in Flüssigkeiten keine Schubwellen gibt, können Geologen mithilfe von Schubwellen in der Erde unterscheiden, wo die Erde fest und wo sie flüssig ist.

Im Gegensatz zu den Druckwellen können die Schubwellen polarisiert sein, d.h. eine bestimmte Schwingungsrichtung wie „auf/ab" oder „links/rechts" haben.

Beispiele für Schubwellen sind:

- ein **Seil**, das in der Hand gehalten und dessen Ende schnell auf und ab oder von links nach rechts geschlagen wird

- **La-Ola-Welle** im Fußball-Stadion

- die **Wellen**, die sich von einem ins Wasser geworfenen Stein aus ausbreiten

- **Wasserwellen** am Strand

- **Oberflächenwellen** auf Flüssigkeiten wie Wasser

- **Oberflächenwellen** auf losen Festkörpern wie Sand

- **Licht** (elektromagnetische Welle)

- **Gravitationswellen**

- schwingende **Saite**

Die **stehende Welle** ist eine Sonderform der Schubwelle. Die Besonderheit bei ihr ist, dass sich ihre Wellenberge und Wellentäler nicht von der Stelle bewegen – so wie dies z.B. bei den vom Wind erzeugten Wellen auf einer Wasseroberfläche der Fall ist.

Die bekannteste stehende Welle ist vermutlich eine schwingende Saite. Ihre beiden Enden sind immer in der Ruhelage, da sie befestigt sind. Dazwischen schwingt sie auf und ab.

Sie kann jedoch nicht auf ihrer ganzen Länge auf und abschwingen, sondern nur auf der halben Länge – dann gibt es zwei Saiten-Hälften, die abwechselnd je ein Wellenberg und ein Wellental sind. Der Punkt genau zwischen diesen beiden Saiten-Hälften befindet sich in Ruhelage. An diesem Punkt spielt man auf der Gitarre die Flageolett-Töne oder auf der Saite einer Harfe, die besonders klar und voll klingenden Töne.

Es gibt 1. die Druckwellen, die sich in Gasen, Flüssigkeiten und Festkörpern fortbewegen;

es gibt 2. die Schubwellen, die im leeren Raum, in der Luft, im Wasser und auf Oberflächen von losen Festkörpern, von Flüssigkeiten und von Gasen zu finden sind; und

es gibt 3. die stehenden Wellen, die eine Schwingung zwischen zwei festen Enden ist.

4. Leib

Eine Schwingung kann man auf ganz schlichte Weise als einen in regelmäßigen zeitlichen Abständen wiederholten Vorgang auffassen.

Wenn man dieser einfachen Definition ausgeht, kann man auch im menschlichen Körper Schwingungen feststellen. Drei von diesen Schwingungen sind recht offensichtlich:

- der **Herzschlag** und der von ihm abhängende Puls – beim Kleinkind ca. 120 mal pro Minute, beim Erwachsenen ca. 60 mal pro Minute

- die **Atmung** – beim Kleinkind ca. 40 Atemzüge pro Minute, beim Erwachsenen ca. 10 Atemzüge pro Minute

- der **Schlaf** – beim Kleinkind 5 mal am Tag, beim Erwachsenen 1 mal am Tag (bei Menschen, die nicht in gezielt geplanten Ruhezyklen wie Spitzensportler schlafen)

- die **Nahrungsaufnahme** – beim Kleinkind 15 mal pro Tag, beim Erwachsenen 3 mal am Tag

Neben diesen offensichtlichen Dauer-Rhythmen, also ununterbrochenen Schwingungen, gibt es auch noch einige Gelegenheits-Schwingungen, die eben nur bei besonderen Gelegenheiten auftreten bzw. sichtbar werden.

Das auffällige an ihnen ist, dass sie alle in etwa dieselbe Frequenz haben: 6 Hz, also 6 Schwingungen pro Sekunde.

Solche Gelegenheits-Schwingungen sind:

- Das **Weinen** ist ein lauter, anhaltender Ton, in den zwischendurch jedoch auch abgehackt Töne eingefügt sind.

- Genau dieselbe Mischung aus langangehaltenen Tönen und abgehackten Tönen findet sich auch beim **Lachen** – lediglich das damit verbundene Gefühl ist deutlich anders als beim Weinen.

- Auch beim **Zittern vor Kälte**, bei dem sich der Körper durch diese kleinen, heftigen Bewegungen aufwärmt, findet sich diese Frequenz von 6Hz. Sie kann nicht verlangsamt oder beschleunigt werden.

- Eine besondere Form des Zitterns vor **Kälte ist das Zähneklappern** vor Kälte.

- Das **Zähneklappern vor Angst** hat zwar keine direkte Funktion mehr, aber es hat auch die Frequenz von 6Hz. Es handelt sich hier um eine Blockade der eigenen Kraft, mit der man sich wehren will, aber die gleichzeitig durch Angst zurückgehalten wird. Daher löst sich diese Kraft in kleinen Stößen, die jedoch sofort wieder blockiert werden. Ein Fuß auf dem Gaspedal, den anderen auf der Bremse …

- Auch das **Traumauflösungs-Zittern** hat dieselbe Frequenz wie die beiden anderen Arten des Zitterns. Das Gefühl dabei ist jedoch ein anderes – es ist eine Befreiung der eigenen Kraft, die stoßweise wieder aus der verkrampften Trauma-Angststarre herauskommt, in der die Kraft zuvor gefangen war.

- Auch das **natürliche Vibrato der Stimme** beim Gesang hat die Frequenz von 6Hz. Dieses natürliche Vibrato ist kein willentlich gemachtes Vibrato, das verschiedene Frequenzen hat und langsamer und schneller werden kann, sondern es ist ein Vibrato, das man zulässt, und das schließlich nach seiner Befreiung immer da ist, solange man es nicht verhindert. Diese natürliche Vibrato wird vor allem bei dem Erlernen des Klassischen Gesangs nach der Lichtenberger-Methode befreit.

- Auch der vermutlich als erstes von Wilhelm Reich beschriebene **Orgasmusreflex**, also das unwillkürliche Zucken des Körpers, hat in etwa die Frequenz von 6Hz.

- Weiterhin kann man diese Frequenz auch bei den Zuckungen bei **epileptischen Anfällen** beobachten, über die der Kranke keine Kontrolle hat.

- Das Zittern bzw. Zappeln bei einem **Stromschlag** sieht recht ähnlich aus wie ein epileptischer Anfall, weshalb die Epileptiker manchmal, wenn die Pfleger unter sich sind, „Elektriker" genannt werden.

- Das „**Angst-Flattern**" hat auch in etwa die Frequenz von 6Hz – wobei man dann, wenn man dieses „Große Flattern" hat, nicht unbedingt daran denkt, diese Frequenz einzuschätzen.

- Die „**Schmetterlinge im Bauch**" haben ebenfalls diese Frequenz.

- Man kann auch einmal prüfen, bis zu welcher Frequenz man **körper-liche Bewegungen** steigern kann:
  1. die Hand möglichst schnell auf und ab bewegen,
  2. den Mund möglichst schnell öffnen und wieder schließen,
  3. die Augen möglichst schnell öffnen und wieder schließen,
  4. möglichst schnell nacheinander ein „t" aussprechen,
  5. möglichst schnell hecheln …

Doch man kommt, egal wie sehr man sich anstrengt, einfach nicht über ca. 6mal pro Sekunde, also über eine Frequenz von 6Hz, hinaus …

Es gibt vier weitere Erlebnisse, bei denen sich offensichtlich recht ähnliche Prozesse abspielen, zu denen teilweise auch diese Schwingung von 6Hz gehört:

- Bei der **Tiefentspannung** treten nacheinander mehrere Wirkungen auf, die man innerlich spürt: Ruhe – Entspannung – Schwere – Wärme – Vibrieren. Dieses Vibrieren, das äußerlich von einem anderen Menschen an dem Leib des Entspannten nicht wahrnehmbar ist, tritt erst in einzelnen Körperbereichen auf, aber weitet sich dann auf den gesamten Leib aus.

- Beim Erlernen der **Astralreise**, also dem bewussten Verlassen des eigenen physischen Körpers mit dem eigenen Bewusstsein, treten ganz ähnliche Wirkungen auf: Ruhe – Entspannung – Schwere – Wärme – Vibrieren – Zucken einzelner Körperteile (sie sind äußerlich nicht sichtbar) – Schwanken des ganzen Leibes – Trennen des Lebenskraftleibes/Bewusstseins von dem physischen Körper – Verlassen des physischen Körpers. Bei dem Erlernen der Astralreise wird im Grunde nur das weitergeführt, was man auch schon bei der Tiefentspannung geübt hat.

- Ein Teil dieser Phänomene tritt auch beim Erwecken der **Kundalini** auf, also bei dem Anregen des freien Flusses der Lebenskraft im eigenen Körper: Ruhe – Entspannung – Schwere – Wärme – Hitze – Aufsteigen der Hitze von unten nach oben im eigenen Körper.

- Die ersten Schritte dieser Folge von Zuständen werden auch bei dem Erzeugen einer **Hypnose** benutzt: „Du wirst ruhig – Du wirst entspannt – Du wirst schwer – Du wirst warm – Du schläfst ein."

Schließlich gibt es diese Frequenz von 6Hz noch an einer ganz anderen Stelle:

- Das **EEG** eines Menschen, der sich im Traumzustand befindet, hat ca. 6Hz.

- - -

Nun stellt sich die Frage, warum es im Menschen offensichtlich etwas gibt, das mit 6 Hz schwingt – und warum diese Frequenz sich an so vielen Stellen zeigt.

Zunächst einmal kann man festhalten, dass die Frequenz von ca. 6Hz im EEG beim Traumzustand sichtbar wird. Es gibt also den begründeten Anfangsverdacht, dass die Frequenz von ca. 6 Hz etwas mit dem Träumen und somit auch mit dem Unterbewusstsein zu tun hat.

Das subjektive Erleben dieser 6Hz-Schwingung in der Tiefentspannung und beim Erlernen der Astralreise zeigt, dass diese 6Hz-Frequenz nicht nur von außen her am physischen Leib gemessen werden kann, sondern auch von innen her erlebt werden kann. Das Bewusstsein hat also Zugang zu dieser 6Hz-Frequenz im physischen Körper.

Wenn man sich die Tiefentspannung, das Erlernen der Astralreise, das Erwecken der Kundalini und die Hypnose genauer anschaut, wird deutlich, dass dabei stets das Bewusstsein vom Wachzustand zum Traumzustand verschoben wird, wobei dabei nur bei der Hypnose das Wachbewußtsein ganz verloren geht. Das stimmt mit der Beobachtung überein, dass die 6Hz-Frequenz beim EEG beim Traumzustand auftritt, das dem Unterbewusstsein und somit auch der Lebenskraft bzw. dem Lebenskraftkörper (der bei der Astralreise „Astralkörper" genannt wird) entspricht.

Die Lebenskraft bzw. der Lebenskraftkörper ist dem Unterbewusstsein sehr ähnlich, doch wie das Erlebnis der Astralreise zeigt, enthält der Lebenskraftkörper eines Menschen zwar die Inhalte seines Unterbewusstseins, aber ist doch mehr als nur das Unterbewustsein im Gehirn.

Die 6Hz-Frequenz tritt beim Menschen nur bei unwillkürlichen Körperfunktionen auf: Lachen, Weinen, Zittern vor Kälte, Zähneklappern vor Kälte, Zittern bei einer Traumauflösung, Zittern vor Angst, Orgasmusreflex, Epilepsie, Stromschlag, natürliches Vibrato der Stimme …

Die unwillkürlichen Vorgänge werden wiederum alle vom Unterbewusstsein und somit vom Lebenskraftkörper gesteuert. Es hat also den Anschein, dass alles im Unterbewusstsein mit diesem 6Hz-Frequenz geschieht.

Epileptiker berichten oft, dass sie bei ihren Anfällen oft verschiedene Lichterscheinungen erleben – insbesondere sehen sie ein Licht rings um die Körper anderer Menschen. Dieses Hellsehen der Aura tritt auch auf, wenn man die Wahrnehmung des

Lebenskraftkörpers übt. Dieser Zusammenhang zeigt noch einmal, dass das Unterbewusstsein, der Lebenskraftkörper und die 6Hz-Frequenz zusammenhängen.

- - -

Das in diesem Kapitel „Lebenskraft" genannte Wahrnehmungsphänomen wird weltweit ausgesprochen einheitlich beschrieben:

1. Sehen: ein milchigweißes Licht mit einem leichten Blauschimmer („Nebel", „Rauch")

2. Tastensinn: Vibrieren (6Hz)

3. Wärmewahrnehmung: verschiedene Formen der Hitze (Maximum: das im Körper aufsteigende Kundalini-Feuer)

4. Geruchssinn: warmer, weicher Duft (Vanille, frisch gebackenes Brot)

5. Hören: ein extrem tiefer Baß (wie der tibetische Baßgesang)

6. Geschmackssinn: unbekannt

Das Lebenskraft-Phänomen scheint also weltweit in dieselben Wahrnehmungen des physischen Körpers „übersetzt" zu werden.

- - -

Die Frequenz von 6Hz hängt nicht mit der Aktivitätsfrequenz der Nervenzellen, die 70-200Hz beträgt, zusammen.

Aus der Betrachtung in diesem Kapitel ergibt sich zunächst einmal, dass man bei allem, was mit dem Unterbewusstsein oder mit der Lebenskraft zu tun hat, die Frequenz von 6Hz berücksichtigen sollte.

5. Muster

♌

Jeder Gegenstand und jedes Lebewesen hat eine Eigenfrequenz, die auch Eigenschwingung genannt wird.

Sie ist von seiner Masse, seiner Form und seinem Material abhängt. Die Eigenfrequenz eines Körpers wird sichtbar, wenn man diesen Körper einmal anstößt und ihn dann sich selber überlässt. Ein gut bekanntes Beispiel dafür ist die Schaukel.

Diese Eigenfrequenz hat durchaus auch im Alltag eine konkrete Bedeutung. Wenn man z.B. an einem Reck hängt und schwingt und dabei versucht schneller als in der Eigenfrequenz zu schwingen, wird dies zum einen misslingen und zum anderen vergeudet man dabei viel Kraft.

Ebenso sollte ein Motor in einem Auto, einem Schiff oder einem Flugzeug keine Frequenz haben, die auch ein Teil des betreffenden Fahrzeugs hat, da dieses Teil sonst durch die Resonanz zu dem Motor zu schwingen beginnen könnte und sich möglicherweise dann ablöst. So beginnen z.B. manchmal am Auto einzelne Teile bei einer bestimmten Geschwindigkeit und somit bei einer bestimmten Frequenz des Motors zu mitzuschwingen und dadurch zu „klappern".

Wenn man in irgendeiner Weise mit Schwingungen und Frequenzen arbeitet, ist die Kenntnis der Eigenschwingung des betrachteten Körpers von großer Bedeutung.

- - -

Die Eigenschwingungen hat nicht nur eine bestimmte Eigenfrequenz, sondern ruft auch noch ein bestimmtes Schwingungsmuster hervor. Dieses Muster ist sozusagen der „Daumenabdruck" oder das „Siegel" des betreffenden Gegenstandes oder Lebewesens.

Das durch die Eigenschwingung erzeugte Muster lässt sich an verschiedenen Stellen beobachten:

- Wenn man **feinen Sand auf eine Glasplatte** streut und dann diese Glasplatte mit einem Geigenbogen anstreicht, wird die Glasplatte in eine Schwingung versetzt, die der Eigenfrequenz entspricht. Der Sand auf diese Glasplatte nimmt durch die Schwingung ein weitgehend symmetrisches Muster an, das aus Kugeln, Karos, Geraden und Bögen besteht.

  Diese Formen werden „chladnische Klangfiguren" genannt.

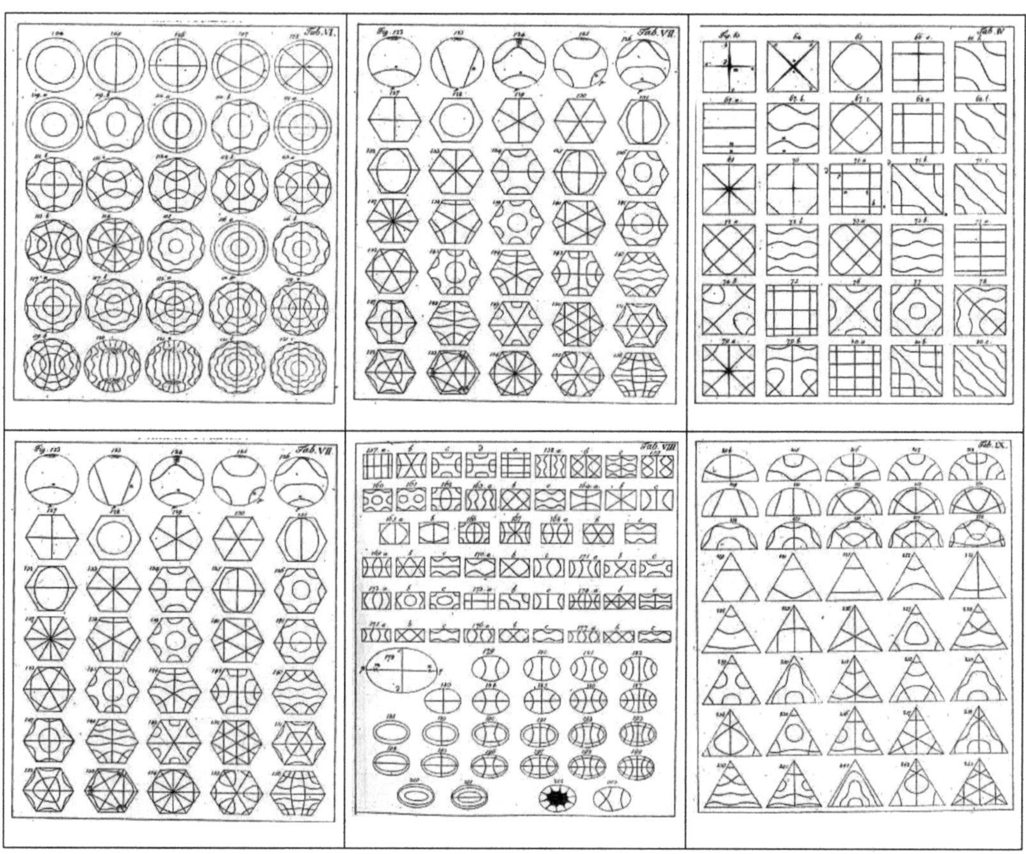

Die Formen, die diese Figuren annehmen, hängen von der schwingenden Unterlage (Glas, Kupfer, Holz ...), von der schwingenden Substanz

(Sand, Asche, Mehl ...) und von der Höhe des angespielten Tones ab, mit der das Ganze schwingt.

- Der japanische Forscher Masaru Emoto hat Fotos der **Schwingung von Wasser** angefertigt, die die verschiedenen Muster zeigen, in der das Wasser unter dem Einfluss verschiedenen Geräusche, Klänge und Musikrichtungen schwingt. Emoto hat auch Wasser unter verschiedenen Einflüssen einfrieren lassen und dann die Eiskristalle betrachtet.

  Diese Fotos und z.T. auch die Eiskristalle zeigen die Eigenschwingung des Wassers unter der Einwirkung der externen Schwingung (Geräusche, Musik), die dem Anstreichen der Glasplatte mit einem Geigenbogen bei den chladnischen Klangfiguren entspricht.

- Wenn man eine längliche Glasplatte mit feinem Sand bestreut und sie dann mit dem Geigenbogen anstreicht, bilden sich Muster, die sehr stark dem System der sieben **Chakren** und der sie verbindenden zentralen Linie („Sushumna") gleichen.

  Man kann daher vermuten, dass die Chakren Schwingungsmuster im Lebenskraftkörper sind. In der Meditation werden diese Chakren auch als Schwingen, Pulsieren und Drehen erlebt. (Das indische Wort „Chakra" bedeutet „Rad".)

  Das im vorigen Kapitel beschriebene 6Hz-Vibrieren des eigenen Körpers, das man in der Tiefentspannung erlebt, ruft offensichtlich wie das Anstreichen einer Glasplatte mit Sand das Entstehen von Mustern hervor: die Chakren.

  Die Chakren sind somit die „Chladnischen Klangfiguren" des Lebenskraftkörpers, die durch das Schwingen/Vibrieren der Lebenskraft mit 6Hz entstehen. Diese 6Hz-Fre-qeunz zeigt sich – wie gesagt – im Traumzustand-EEG. Da alle schwingenden Dinge ein Schwingungsmuster ausbilden – die chladnischen Klangfiguren – muss es auch in dem mit 6Hz schwingenden Körper des Menschen solche Klangfiguren geben: eben die Chakren.

Diese Chakren sind nicht nur von den Indern, sondern voneinander unabhängig auch von vielen anderen Völkern (z.B. Indianer in Südamerika) beschrieben worden sind. Auch daraus ergibt sich, dass diesen Chakren eine konkrete Realität zugrunde liegen muss.

Wenn die Chakren nun die Hauptpunkte in dem Schwingungsmuster des menschlichen Körpers sind, ist es auch plausibel, dass man durch die Konzentration auf diese Chakren – wie es im Yoga und vielen Meditationen üblich ist – die Psyche und den Körper beeinflussen kann.

Somit sollten die Chakren bei allem, was in Bezug auf den menschlichen Körper mit Schwingungen zu tun hat, stets berücksichtigt werden.

- Auch die Mikrowellen in einem **Mikrowellenherd** bilden Chladnische Klangformen aus. Daher müssen in einem Mikrowellenherd entweder ständig die Mikrowellen selber, d.h. ihr Muster, verändert werden, und/oder das zu erhitzende Gut auf einem sich drehenden Teller stehen. Ansonsten würden einzelne Stellen des Guts verkohlen und andere Stellen kalt bleiben.

- - -

In den Chladnischen Klangfiguren finden sich nicht nur Punkte/Zentren, sondern auch **Linien**. Derartige Linien sind auch aus dem Lebenskraftkörper bekannt:

- Die zentrale Linie im Lebenskraftkörper, an der die sieben Chakren liegen, wird im Yoga „**Sushumna**" genannt.

- Die beiden Linien, die links und rechts der mittleren Linie in kleinen Bögen verlaufen und sich an jedem Chakra kreuzen, heißen im Yoga „**Ida**" und „**Pingala**".

- Weitere zwölf Linien verlaufen auf der Vorderseite des Körpers je zu dritt vom Kopf zur linken Hand, vom Kopf zur rechten Hand, vom

Kopf zum linken Fuß und vom Kopf zum rechten Fuß. Dies sind die **Akupunktur-Meridiane**, auf denen die Akupunkturpunkte liegen.

Diegleichen zwölf Linien verlaufen auch auf der Rückseite des Körpers.

Die Qualitäten dieser zwölf Linien entsprechen recht genau den Qualitäten der zwölf Tierkreiszeichen.

- - -

Die Teile von Systemen, die aus einem einzigen Ursprung entstehen, weisen eine **Selbstähnlichkeit** auf. Das bedeutet, dass sich dasselbe Muster an verschiedenen Stellen dieses Systems findet.

Beim Menschen sind die gut bekannten selbstähnlichen Stellen die Handinnenflächen (Handlinien => Handlesen), die Fußsohlen (Fußreflexzonen), das Ohr (Ohrreflexzonen) und die Iris des Auges (Iris-Diagnose). Vermutlich gibt es jedoch noch mehr solcher Bereiche, die ein solches Muster aufweisen, die aber noch nie daraufhin untersucht worden sind und möglicherweise auch in Zukunft nie daraufhin untersucht werden: die Nase, die Genitalien, die Leber, das Herz …

Die Selbstähnlichkeit ist das wesentliche Merkmal aller Fraktale. Man kann ein Fraktal auch als Schwingungsmuster auffassen. Da sich sehr viele Dinge in der Natur durch ein Fraktal darstellen lassen, ist die Selbstähnlichkeit offenbar ein allgemeines Merkmal der Natur.

Da sich die Selbstähnlichkeit auch beim Menschen feststellen lässt, bedeutet dies wiederum, dass diese selbstähnlichen Formen beim Menschen durch sein Schwingungsmuster entstanden sind. Das physische Vorhandensein dieser Selbstähnlichkeiten bestätigt, dass dem menschlichen Körper ein Schwingungsmuster zugrunde liegt. Das bestätigt wiederum die hohe Wahrscheinlichkeit der Existenz der Chakren, die die Hauptzentren in diesem Schwingungsmuster sind.

Man kann das Schwingungsmuster, die sich daraus ergebende Selbstähnlichkeit und die sich wiederum aus ihr ergebende Fraktalstruktur als das Prinzip der Selbstorganisation von komplexen Systemen einschließlich des Menschen ansehen.

Das zentrale Zentrum in diesem menschlichen Schwingungsmuster ist auch das zentrale Chakra und der Ursprung des Systems: das Herzchakra. In der Meditation und in der Traumreise findet man dort die eigene Seele, also die eigene Identität.

Der aus der Meditation bekannte Charakter der sieben Hauptchakren entspricht dem Aufbau der einfachen Tiere (Wirbellose). Der Aufbau der höheren Tiere weicht teilweise von dem Charakter der Chakren in ihrer Nähe ab, da im Laufe der Evolution einige Organe neue Funktionen erhalten haben und dabei ihre Lage verschoben haben – so ist z.B. die Lunge aus der Luftblase der Fische entstanden, die dafür sorgt, dass die Fische exakt dasselbe Gewicht wie Wasser haben. (siehe bei Bedarf: Harry Eilenstein – „Chakren und Organe")

Es ist keinesfalls sicher, aber durchaus denkbar, dass auch die Kornkreise, die oft eine Fraktalstruktur haben, zu einem großen Teil als Schwingungsmuster aufgefasst werden können.

Alle Lebewesen und komplexen Strukturen haben eine Schwingung, ein Schwingungsmuster, und sind daher Fraktale und selbstähnlich. Diese Schwingungsmuster bewirken ihre Selbstorganisation.

6. Ordnung

♍

Angesichts der im vorigen Kapitel beschriebenen Selbstorganisation durch Schwingung, die ein Schwingungsmuster mit selbstähnlichen Elementen, also eine Fraktal-Struktur bewirkt, ist es nicht verwunderlich, dass man Schwingungen auch für die Heilung verwenden kann.

Es ist ebenso nicht verwunderlich, dass diese Schwingungs-Heilmethoden an dem ansetzen, was allgemein der Lebenskraftkörper, das Unterbewusstsein oder der psychosomatische Bereich genannt wird – was alles letztlich dasselbe ist.

Diese Methoden haben daher drei Hauptwirkungen:

- Sie erinnern das System an sich selber, d.h. sie stellen seine Selbstähnlichkeit wieder her.
  Das wird subjektiv als Selbsterkenntnis oder als Wieder-Erinnerung an sich selber erlebt.

- Sie stellen die Harmonie des Systems wieder her.
  Das wird subjektiv als Selbsttreue erlebt.

- Sie erhöhen das Energieniveau des Systems.
  Das wird subjektiv als Selbstausdruck erlebt.

Zu den Therapie-Methoden, die Schwingungen/Frequenzen/Resonanzen verwenden, zählen:

- Das **Multiwellen-Oszillator** (MWO), der auch „**Tesla-Stuhl**" genannt wird, da man dabei auf einem Stuhl zwischen zwei MWO-Antennen sitzt, wurde von Georges Lakhovsky erfunden und baut auf den Forschungen von Nicola Tesla auf. In den 1930er Jahren wurde dieses

Gerät bereits in zahlreichen europäischen Krankenhäusern eingesetzt, insbesondere für die Therapie von schweren Erkrankungen wie Krebs.

Die Multifrequenztechnologie beruht auf dem Ansatz, die Zellspannung durch ein elektrisches Feld von außen her in den ursprünglichen heilen Zustand zurückzuversetzen. Im Gegensatz zu anderen Bioresonanzgeräten eliminiert der MWO den mühsamen Prozess der Suche nach aus dem Gleichgewicht geratenen Frequenzen, da er eine breite Palette hochfrequenter, harmonischer Schwingungen benutzt – vergleichbar mit den facettenreichen Klängen eines Orchesters.

Die Einsatzbereiche dieser Technologie sind vielfältig und reichen von der Zellrevitalisierung über die Aktivierung der Selbstheilungskräfte bis hin zu Anti-Aging und Wellness. Es werden elektrische Heilkräfte erzeugt, die die Blutzirkulation verbessern, die Ausscheidung von Stoffwechselprodukten fördern, die Sauerstoffaufnahme steigern und schmerzlindernde Effekte bewirken können.

Die nicht-invasive Natur der Frequenzmedizin und die breite Palette möglicher Anwendungen machen sie zu einer vielversprechenden Option für die Gesundheitsbranche. Das "Gießkannenprinzip" der Frequenz-Vielfalt soll fehlschwingende Zellen anregen, sich selbst zu korrigieren.

Der MWO arbeitet im Hochfrequenzbereich, der bei mehreren Megahertz liegen kann, was die grundlegenden Unterschiede zur Bioresonanzbehandlung verstärkt.

- Bei der Verwendung eines **Bioresonanz-Geräts** wird im Gegensatz zum Multiwellen-Oszillator (MWO) zunächst die individuelle Frequenzstörung ermittelt. Daraufhin erfolgt die gezielte Behandlung in einem niedrigen Frequenzbereich (meist im Mikrostrom- oder Niederfrequenzbereich), die direkt auf die ermittelten Frequenzen abgestimmt wird. Die Bioresonanz wird in der Regel im Bereich von ca. 0,1 bis 1.000 Hz angewendet, was als sicher und sanft für den menschlichen Körper gilt. Dieses selektive und angepasste Vorgehen zielt darauf ab, die energetischen Ungleichgewichte gezielt zu korrigieren.
Der MWO ermöglicht einen umfassenden energetischen Einfluss ohne vorherige Analyse, während die Bioresonanz auf einer spezifischen und individuell abgestimmten Frequenztherapie basiert.

- Das **Rife-Gerät**, das auch **Plasma-Kugel** oder **Plasma-Röhre** genannt wird, wurde von dem amerikanischen Erfinder und Mikrobiologe Royal Raymond Rife erfunden. Auch dieses Gerät nutzt elektromagnetische Frequenzen zur Förderung des Heilungsprozesses. Hier wird davon ausgegangen, dass jede Krankheit eine spezifische Frequenz habe und durch die Aussetzung an eine spezifische Gegenfrequenz zerstört werden könne, ohne den menschlichen Körper zu schädigen.

  Die Methode ist nach wie vor umstritten.

- Von den <u>**Darsonval-Handgeräten**</u> sind um 1900 über eine Million Exemplare in Gebrauch gewesen sind. Ihr Prinzip beruht darauf, dass alle Abweichungen vom heilen Zustand wie z.B. ein Tumor sozusagen „Ego-Frequenzen" der kranken Zellen sind, die man durch die passenden Frequenzen von außen wieder in Resonanz mit der Gesamtschwingung des Körpers bringen kann – z.B. bei der Krebstherapie.

  Diese Geräte, die vor allem für die Hautbehandlung eingesetzt werden, sind von Jacques-Arsène d'Arsonval entwickelt worden. war ein französischer Physiologe und Erfinder (1851-1940).

  In den Glas-Röhren dieser Geräte werden typischerweise Edelgase wie Neon oder Argon verwendet. Diese Gase werden ausgewählt, weil sie bei Anregung durch elektrische Ströme leuchten und spezifische therapeutische Eigenschaften haben.

  Neon wird oft in den Röhren verwendet und erzeugt ein charakteristisches oranges oder rotes Licht. Es wird häufig für die Behandlung von alternder Haut eingesetzt, da es angenommen wird, dass das rote Licht die Durchblutung fördert und die Kollagenproduktion stimuliert.

  Argon erzeugt ein violettes oder blaues Licht und wird oft für die Behandlung von Akne und anderen Hautunreinheiten verwendet. Das blaue Licht hat antibakterielle Eigenschaften. Es wird häufig für die Behandlung von Akne, die Reduzierung von Falten und feinen Linien, die Verbesserung der Hautelastizität, die Förderung der Haargesundheit und die Verbesserung der allgemeinen Hauttextur verwendet.

Die Hochfrequenzströme regen die Durchblutung an, fördern die Kollagen- und Elastinproduktion und verbessern die Sauerstoffversorgung der Haut. Dies kann zu einer gesünder aussehenden Haut führen. Die Hochfrequenzbehandlung hat auch eine antibakterielle und entzündungshemmende Wirkung, was sie besonders nützlich für die Behandlung von Akne macht.

Das Gerät hat verschiedenen Glas-Elektrodenaufsätze, die für unterschiedliche Bereiche des Gesichts oder des Körpers verwendet werden können.

- Die **Kirlian-Photographie** ist eine Diagnose-Methode, bei der an den Körper ein elektrisches Feld angelegt und dieses Feld dann fotografiert wird. In der Regel wird eine Aufnahme der Finger gemacht – das dauert ungefähr 3 Minuten. Durch diese Methode kann eine sehr differenzierte Diagnose gestellt werden und es ist auch eine Früherkennung und somit Prävention von Krankheiten möglich, die letztlich viel Geld für die Behandlung von Krankheiten sparen kann.

- Die **rhythmische Massage**, die vor allem aus der Anthroposophie bekannt ist, benutzt rhythmische Massage-Bewegungen, um eine Schwingung zu erzeugen.

Diese Möglichkeit, durch Frequenzmedizin die Selbsterkenntnis zu fördern, die Selbsttreue zu stabilisieren und den Selbstausdruck zu stärken, ist der Grund, warum die Erforschung der Frequenzmedizin aausgesprochen wichtig ist.

7. Resonanz

Ω

Wenn eine Sache oder ein Lebewesen oder eben auch ein Mensch ein bestimmte Eigenfrequenz hat, dann kann man diese Eigenfrequenz auch von außen her anregen, stabilisieren, stärken – aber auch stören.

Die Tatsache, dass man ein System durch das Erzeugen einer Frequenz, die diesem System entspricht, dieses System zum Schwingen bringen kann, nennt man „Resonanz".

Solche Resonanzen spielen natürlich in der Musik, deren Töne ja Schallwellen in der Luft sind, eine große Rolle:

1. Musik

Das bekannteste Beispiel für eine Resonanz, das gerne als Gag in Geschichten und Witzen benutzt wird, sind das Sektglas oder die **Brillengläser**, die durch den schrillen Ton einer Trompete oder durch das „hohe c" einer sehr talentierten und stimmgewaltigen Sopranistin in Resonanz-Schwingung geraten und dann zerspringen.

Auch der **Klangkörper** eines Instruments ist so konstruiert, dass er möglichst gut mit den Saiten o.ä. schwingt.

Man kann beim **Gesang** lernen, die Frequenz eines Raumes zu erfassen und ihn durch die entsprechende gesungene Tonhöhe in Resonanz zu versetzen, d.h. eine stehende Welle in dem Raum zu erzeugen. Das ist immer wieder ein beeindruckender Effekt.

Der sogenannte „**Kammerton A**" ist der Grundton, auf denen früher Räume („Musik-Kammern" für „Kammermusik") konstruiert wurden, damit der Grundton A in ihnen besonders gut schwang. Die Tonleiter begann früher mit dem A und lautete „A-B-C-D-E-F-G". Anstelle des heutigen C-Dur als Grundtonart (C-D-E-F-G-A-H) wurde in ihnen G-Moll als Grundtonart verwendet.

28

Das damalige G hatte jedoch nur 432Hz statt des heute üblichen 440Hz oder manchmal auch 445Hz.

Die **Akkorde** in der Musik beruhen darauf, dass sich bestimmte Töne besser kombinieren lassen als andere.

- So ist die Frequenz der Oktave einfach doppelt so hoch wie der Grundton – folglich klingen beide Töne gut zusammen.

- Die Frequenz der Quinte ist 3/2-mal so hoch wie der Grundton, d.h. dreimal der Grundton und zweimal die Quinte passen zusammen.

- Die Frequenz der Quarte ist 4/3-mal so hoch wie der Grundton, d.h. viermal der Grundton und dreimal die Quarte passen zusammen.

- Die Frequenz der Terz ist 5/4-mal so hoch wie der Grundton, d.h. fünfmal der Grundton und viermal die Terz passen zusammen.

Alle anderen Töne werden in Akkorden möglichst vermieden, da sie nicht mehr harmonisch klingen. Am wichtigsten für den vollen, harmonischen Klang sind die Oktaven und die Quinten des Grundtons. Die sogenannten Power-Akkorde bestehen nur aus diesen drei Tönen.

Ein Akkord ist eine komplexe Resonanz, da bei ihnen nicht nur zwei genau gleiche Töne, sondern „verwandte Töne" miteinander in Resonanz stehen. Daher haben Akkorde eine „Klangfarbe", die bei reinen Tönen nicht vorhanden ist.

Man kann natürlich auch andere Töne miteinander kombinieren um dissonante, also „schräge", „interessante" Akkorde zu erschaffen.

Resonanz ist also etwas, wofür so gut wie jeder ein Gespür hat – man hört es einem Musikstück sofort an, ob es mit viel oder wenig Resonanz komponiert worden ist.

- Die **Geschwindigkeit** eines Musikstücks gibt an, wie schnell Töne aufeinander folgen – genau genommen, wie schnell die Takte aufeinander folgen. Die Geschwindigkeit ist sozusagen die Frequenz der Komposition.

- Da die **Takte** regelmäßig aufeinander folgen und alle gleichlang sind, entsteht durch den Takt eine Grundschwingung in der Musik. Dies ist der Takt, auf den man sich auch beim Tanzen zu dieser Musik bezieht.

Der Takt ist der zeitliche Abstand von zwei betonten Tönen in dem Musikstück.

- Der **Rhythmus** gibt an, welche Töne in dem Takt besonders betont sind oder wo in dem Takt fast immer gleichlange Töne stehen. Der Rhythmus variiert die Grundschwingung des Taktes.

2. Dichtkunst

Das Prinzip der Resonanz findet sich auch in der Dichtkunst, die fast ganz auf diesem Prinzip beruht.

- Das Versmaß beschreibt die regelmäßige Verteilung der betonten und unbetonten Silben. Das **Versmaß** ist die Grundschwingung eines Gedichtes.

- Die **Verslänge** gibt dem Gedicht Ordnung. Sie entspricht dem Takt in einem Musikstück.

- Der **Endreim** gibt dem Gedicht ein Element, auf das man warten kann und das auch kommen wird. Dadurch entsteht das Gefühl der Zufriedenheit und der Richtigkeit.

- Der **Refrain** ist eine längere Wiederholung in regelmäßigen Abständen. Sie laden den Zuhörer zum Mitsprechen ein und ziehen ihn daher in das Gedicht hinein.

- Neben diesen gut bekannten Gedicht-Elementen gibt es auch noch den **Halbreim**, den **Binnenreim**, den **Anfangsreim** (Stabreim), die regelmäßige Verteilung von **Widersprüchen** (hoch/tief, kalt/heiß, naß/trocken usw.), die regelmäßige Verteilung von **Superlativen**, den grammatisch und inhaltlichen **Parallelbau** von zwei aufeinander folgenden Versen usw.

All diese Regelmäßigkeiten haben den Zweck, den Text zum Schwingen zu bringen. Ein gutes Gedicht klingt fast schon so wie ein gesungener Text. Am deutlichsten schwingt natürlich ein gutes gesungenes Gedicht.

3. Meditation

Dieses Prinzip der Resonanz macht man sich auch in der Meditation zunutze:

Am bekanntesten ist sicherlich das **Mantra**, also die Silbe, das Wort oder der kurze Satz, der etwas Wesentliches bezeichnet und der über lange Zeit hin ständig laut oder auch nur innerlich wiederholt wird. Das Mantra versetzt das Wachbewusstsein, das Unterbewusstsein und den Lebenskraftkörper in Schwingung.

Wenn die Aussage des Mantras zu dem passt, was der Meditierende anstrebt, kommen dieses Mantra und der Wille des Meditierenden in Resonanz zusammen und verstärken sich gegenseitig.

Manchmal wird auch noch die Konzentration auf das Chakra, zu dem das Mantra inhaltlich gehört, hinzugenommen, was die Resonanz und das sich daraus ergebende Schwingen natürlich noch einmal verstärkt.

Der Chant ist ein gesungenes Mantra, das meistens nur eine kurze Strophe hat, die über längere Zeit hinweg ständig wiederholt, d.h. die endlos lange gesungen wird.

Die Wirkung eines Chants ist meistens stärker als die Wirkung eines Mantras.

Das bekannteste Mantra ist sicherlich „Om“ bzw. „Am“ oder „Aum“. Der Klang dieser Silbe beschreibt schon ihr Bedeutung: Man geht von dem offenen, extrovertierte „a“ zu dem geschlossenen, introvertierten „m“ über – ein Ausdruck der Selbstbesinnung.

Die Umkehrung dieser Silbe ist daher die Wendung nach außen: Man geht von dem introvertierten „m“ zu dem extrovertierten „a“. Man macht einen Ton mit geschlossenem Mund – ein „m“. Wenn man dann den Mund öffnet, wird daraus ein „a“. Zusammen gibt dies das Wort „Ma“, das sind so gut wie allen Sprachen „Mutter“ bedeutet. Die Mutter ist folglich „das, was man ruft“: Man ruft mit geschlossenen Mund („m“) und wenn das nicht hilft, ruft man mit geöffnetem Mund („a“).

„Am/Om“ und „Ma“ sind daher die beiden grundlegenden Worte, die die momentane Ausrichtung in der Welt beschreiben.

Manche Mantren und Chants werden in bestimmten Haltungen gesungen. Diese Haltungen werden in Indien „**Asanas**" genannt. Sie werden im Hatha-Yoga jedoch auch ohne Mantra und Chant geübt.

Wenn man von einem Schwingungsbild des Lebenskraftkörpers ausgeht, sollte die Haltung des Körpers einen Einfluss darauf haben, welches Chakra, also welches Zentrum in diesem Schwingungsbild besonders betont wird. Genau das ist das, was die Asanas im Yoga bezwecken: die Anregung von bestimmten Chakren. Auch die Chladnischen Klangfiguren verändern sich, wenn die Glasplatte, auf die man den feinen Sand gestreut hat und die man mit einem Geigenbogen anstreicht, eine andere Form hat. Genauso verändert sich das Schwingungsbild des Körpers beim Singen, sodass durch verschiedene Körperhaltungen verschiedene Chakren beim Singen angeregt werden können.

Es gibt auch noch das „Fein-Tuning" der Asanas mithilfe der Mudras, also mit bestimmten Handhaltungen.

Die Asanas, Mudras, Mantren, Chants und Atemtechniken („Pranayama") im Yoga sind also Hilfsmittel, um bestimmte Stellen in dem Schwingungsbild des eigenen Lebenskraftkörpers verstärkt zum Schwingen zu bringen.

Der Tiefschlaf hat eine Frequenz von 3Hz, das Traumbewusstsein 6Hz, das Wachbewusstsein 12Hz und die Ekstase (Orgasmus, Panik u.a.) 24Hz. Normalerweise schwanken diese Frequenzen en wenig und sind auch nicht aufeinander eingestimmt. In der Meditation werden diese Frequenzen jedoch teilweise aneinander gekoppelt – so wie die Saiten auf einer Geige gestimmt werden.

- Wenn die 12 Hz des Wachens an die 6Hz des Unterbewusstseins gekoppelt werden, entsteht eine Traumreise.

- Wenn die 12Hz des Wachens an die 3 Hz des Tiefschlafs gekoppelt werden, entsteht die „innere Stille", die vor allem aus dem Zen bekannt ist.

- Wenn die 12 Hz des Wachens an die 24 Hz der Ekstase gekoppelt werden, entsteht z.B. das Erwachen der Kundalini.

Diese Koppelungen sind möglich, da die vier Frequenzen von 3Hz, 6Hz, 12Hz und 24Hz Oktaven voneinander sind, d.h. jede Bewusstseinsform hat eine doppelt so hohe

Frequenz wie die vorige.

Dieses Koordinieren und Anbinden der Bewusstseins-Frequenzen erlebt man allerdings nicht als Koppelung von zwei Dingen, sondern als das Erreichen einer größeren inneren Ordnung und Harmonie … eben das Miteinanderschwingen …

4. Jahresfeste

Es gibt auch Rhythmen, die auf den ersten Blick gar nicht als solche auffallen:

Dies sind vor allem die Wiederholungen im Lauf eines Jahres – die Jahresfeste. Wenn diese Feste für die Teilnehmer noch einen tieferen Sinn haben, werden auch diese Feste und andere in den **Jahreslauf** eingebundene Traditionen dem Jahr einen Rhythmus und folglich auch eine Schwingung geben.

Das Beibehalten dieser Traditionen und die Teilnahme an ihnen bewirkt eine Resonanz mit ihnen.

5. Planetensysteme

An einer weiteren, vermutlich etwas unerwarteten Stelle, gibt es noch ein weiteres Schwingungs-Phänomen und auch ein Schwingungsbild, also eine Chladnische Klangfigur, die sich zudem ganz präzise darstellen lässt.

Die **Planeten** des Sonnensystems kreisen um die Sonne, d.h. sie befinden sich nach einer bestimmten Zeitspanne wieder an dem Ort, an dem sie zuvor gewesen sind – diese Kreisbewegungen der Planeten sind also auch eine Schwingung. Zudem ist ein Kreis sehr eng mit der Sinuskurve verwandt, die der Grundform jeder Schwingung ist.

Die **Titius-Bode-Reihe** ist ein astronomisches Phänomen, das sich bisher nicht physikalisch erklären lässt, aber sehr nach einem Schwingungs-Muster (wie die Chladnischen Klangfiguren) aussieht. Diese Titius-Bode-Reihe beschreibt die mittleren Abstände der Planeten von der Sonne. Sie geht von der Entfernung Sonne-Erde als Einheit („AE" = astronomische Einheit) aus und beschreibt die Planeten-Entfernungen als ein Vielfaches dieser Entfernung:

$$\text{Abstand Planet-Sonne} = (4+3\cdot 2^{n})\cdot \text{AE}$$

Das „n" in dieser Formel ist die Zahl des Planeten, wenn man vom Merkur zum Pluto hin zählt. Dabei ist der Merkur „-∞", Venus 0, Rede 1, Mars 2 Jupiter 3, Saturn 4 usw. Dadurch ergeben sich die Abstände der Planeten von der Sonne mit einer Abweichung zwischen 0% und 5,2% – im Durchschnitt nur 1,9% Abweichung.

Das kreisende/schwingende System der zehn Planeten steht über die **Astrologie** auch mit dem Menschen in Verbindung. Das Geburtshoroskop, das den Stil und die Lebensweise, also die „Tonart" dieses Menschen beschreibt, ist ein Schwingungsbild dieses Menschen – seine ganz persönliche „Chladnische Klangfigur".

Einige rhythmische Phänomene, die mit den Planeten zusammenhängen sind gut bekannt – allen voran sicherlich der **Vollmond** und seine Wirkung.

Jeder Mensch steht zudem in Resonanz mit dem aktuellen Stand der Planeten – dies wird in der Astrologie „**Transite**" genannt. Durch den Vergleich des aktuellen Planetenstandes mit dem Geburtshoroskop kann man beschreiben, welche Teile des Wesens dieses Menschen gerade auf welche Weise betont und variiert werden.

Das Geburtshoroskop bleibt stets das Bezugssystem für alle astrologischen Berechnungen für einen bestimmten Menschen. Es ist das Schwingungs-Urbild dieses Menschen.

Die meisten Wirkungen dieser Transite bemerkt man nicht, da man nicht auf ihre Qualität achtet.

- Alle 58 Tage steht z.B. der Merkur in Konjunktion mit der Sonne, was bedeutet, dass man alle 58 Tage für ca. 3 Tage besonders egozentrisch und egoistisch denkt.

- Sehr auffällig ist hingegen der Geburtstag, an dem die Sonne wieder dort steht, wo sie auch in dem Geburtshoroskop steht. Das bedeutet, dass das Selbstbild, wie es im Horoskop angelegt ist, an diesem Tag besonders ausgeprägt erscheint.

- Der Saturn steht – da er sehr langsam läuft – erst nach 29 Jahren wieder an demselben Ort am Himmel wie bei der Geburt. Das wiederholt sich dann mit 58 Jahren und mit 87 Jahren noch einmal.

  In diesen „Saturnphasen" entsteht eins Krise, die darin besteht, dass man gerade nichts ändern kann, dass man sich selber und was man aus sich gemacht hat, klarer sieht und in sehr vielen Fällen damit unzufrieden wird.

Das kann man deutlich z.B. an Band-Auflösungen sehen, die zum größten Teil dann stattfinden, wenn die Band-Mitglieder ca. 29 Jahre alt sind (Beatles, Genesis, Pink Floyd u.a.). Auch viele Fußballer haben in dieser Zeit eine Krise und schießen keine Tore mehr, was sich dann anschließend wieder ändert.

Diese Resonanz des Horoskops mit dem aktuellen Stand der Planeten zeigt, dass der Mensch auch aus astrologischer Sicht ein System mit einem komplexen Schwingungsbild (Horoskop) ist, das in Resonanz mit seiner Umwelt steht (aktueller Planetenstand).

- - -

Einige verschiedene Arten von Rhythmen und Resonanzen gibt es jedoch auch an Stellen, an denen man sie lieber nicht sehen würde:

6. Gewohnheiten

Manche Gewohnheiten sind nur schwer abzulegen. Das liegt daran, dass jede neue Handlung immer auch in Resonanz mit allen bisherigen Handlungen steht. Außerdem bezieht sich jede Handlung auch auf das grundlegende Schwingungsbild eines Menschen, dass u.a. durch das Horoskop dargestellt werden kann.

Problematischer ist der aus der Psychologie gut bekannte **Wiederholungszwang**, der dazu führt, dass Menschen oft mehrmals dieselben Dinge tun und erleben. Das ist besonders in den Beziehungen auffällig. Diese Wiederholungen laufen so lange weiter, bis man die ihr zugrundeliegende Prägung aufgelöst hat – was die Hauptbeschäftigung aller Therapeuten ist.

Die Auflösung dieses Wiederholungszwangs besteht nicht darin, dass man auf einmal ein anderer Mensch wird, sondern darin, dass man zwar seine eigene „Tonart" beibehält, aber eine andere Melodie in dieser Tonart spielt. Die astrologische Prägung, also das Schwingungsbild eines Menschen bleibt sein ganzes Leben lang dasselbe, aber es gibt verschiedene Möglichkeiten, dieses Schwingungsbild zu leben.

- - -

<u>**7. Weitere Überlegungen / Modelle**</u>

Es gibt zu diesem „Rhythmus und Resonanz"-Prinzip auch einige weltanschauliche Überlegungen und Modelle.

Am bekanntesten ist vermutlich das Modell der „**morphogenetische Felder**". Nach diesem Modell erhöht ein Ereignis oder Verhalten in der Vergangenheit die Wahrscheinlichkeit, dass in einer ähnlichen Situation wieder dasselbe Ereignis oder Verhalten auftritt. Offensichtlich ist dies eine Beschreibung einer zeitlichen Resonanz – also der Gewohnheit und des Wiederholungszwanges.

Man kann auch die **Analogie und die Resonanz** vergleichen. Analog zueinander sind Dinge, die innerhalb ihres Gesamtsystems dieselbe Aufgabe haben – wie der Motor im Auto und das Pferd vor der Kutsche.

Um eine Resonanz zwischen zwei Systemen entstehen zu lassen, müssen die beiden Systeme gleiche oder sehr ähnliche Eigenschaften haben, d.h. analog zueinander sein.

Sämtliche **Omen und Orakel** (Tarot, I Ging u.a.) beruhen darauf, dass man eine Analogie zwischen dem Einzelnen und dem Gesamten erschaffen kann, wodurch dann dieses Einzelne mit dem Gesamten in Resonanz steht. Wenn daher ein Orakel ein Abbild des Ganzen ist (die Gesamtheit der Tarot-Karten stellt die Welt dar) stehen die bei dem Orakel ausgelegten Tarot-Karten auch in Resonanz mit der Welt, d.h. Sie zeigen den Zustand der Welt an.

<u>**8. Resonanz und Gefühle**</u>

Welche Wirkung hat nun das Erlebnis einer Resonanz auf den Menschen? Was geschieht dabei? Und was sind andere Erlebnis-Möglichkeiten?

Wenn ein Mensch mit etwas im außen in Resonanz tritt – z.B. einen guten Freund wiedertrifft – schwingt er mit ihm zusammen, d.h. insgesamt schwingt ein größeres System als vorher: zwei Menschen miteinander statt nur ein Mensch alleine. Das dadurch entstehende Gefühl ist die **Freude**. Das Gegenteil zur Freude ist die Trauer –

sie entsteht durch die Auflösung einer Resonanz.

Das Gefühl der Freude kann jedoch auch innerlich entstehen, wenn man z.B. einen inneren Widerspruch gelöst hat und dadurch Erleichterung und Freude entstehen, da nun ein größerer Teil dieses Menschen einheitlich miteinander schwingen kann, also in Resonanz miteinander steht.

Ein weiteres „gutes Gefühl" ist die Lust. Sie entsteht dadurch, dass man ein Ziel erreicht hat. Dabei hat der Betreffende sein inneres Wunschbild mit seiner äußeren Wirklichkeit in Analogie, in Resonanz gebracht. Da Gegenteil der Lust ist der Frust.

Das dritte „gute Gefühl" ist das Glück. Dieses Gefühl entsteht, wenn man weitgehend im Einklang mit sich selber steht. Dies ist ein Resonanz der eigenen Identität (Seele) mit der eigenen Lebenshaltung, also mit der eigenen Selbsterkenntnis, der eigenen Selbsttreue und dem eigenen Selbstausdruck. Das Gegenteil von Glück ist Leid.

Diese drei Gefühle gehören zu verschiedenen Orten in dem Schwingungsbild, in der Chladnischen Klangfigur des Menschen: Die Freude ist das Gefühl des intakten Scheitelchakras, die Lust ist das Gefühl des erfolgreichen Wurzelchakras und das Glück ist das Gefühl des strahlenden Herzchakras.

Die grundlegenden Gefühlszustände des Menschen – also Freude oder Trauer, Lust oder Frust, Glück und Leid – sind allesamt Resonanzvorgänge. Das ist auch schon deshalb plausibel, weil diese Gefühle ja durch das Verhältnis eines Menschen zu seiner Umgebung entstehen.

> Analogien, Rhythmen und Resonanzen sind die prägenden Elemente im Bereich der Schwingungen.

8. Zyklus

♏

Jede Schwingung beginnt irgendwann und endet auch irgendwann wieder – und sie kann während der Zeit ihrer Existenz stärker oder schwächer werden. Es ist also sinnvoll, sich auch einmal den Anfang, die Entwicklung und das Ende einer Schwingung anzusehen.

Eine Schwingung entsteht, wenn ein System in Bewegung versetzt wird oder wenn in ihm eine Bewegung existiert. Das ist zunächst einmal bei allen lebendigen Systemen der Fall.

Solange ein System ein Teil eines größeren Systems ist, hat das kleinere Teil die Schwingung des umfassenderen Systems, von dem es ein Teil ist – also z.B. das ungeborene Kind im Bauch seiner Mutter.

Bei der Geburt wird das Kind von der Mutter unabhängig und wird zu einem eigenständigen System. Daher entsteht auch im Augenblick der Abnabelung das Horoskop, das ja auf diesen Augenblick der Eigenständigwerdung berechnet wird.

Dieses im Augenblick der Abnabelung neu entstehende, individuelle Schwingungsbild (Horoskop) ist jedoch nicht unabhängig von der gesamten Umgebung, sondern steht in Analogie zu dem derzeitigen allgemeine Schwingungsbild steht – dem Stand der Planeten. Ein selbständig werdendes System (Kind) tritt zwar aus dem Schwingungsbild des Herkunftssystems (Mutter) heraus, wird aber sofort von seiner größeren Umgebung, von der es nun ein Teil wird, mit dem aktuellen Schwingungsbild in diesem System (Planetenstand) geprägt: sein Horoskop.

Diese Betrachtung zeigt deutlich, wie viele Resonanzen in dem eigenen Leben eine Rolle spielen und wie stark das alles miteinander verflochten ist. Sobald ein Kind geboren wird, tritt es in Resonanz mit dem aktuellen Planetenstand. Die Welt scheint als Ganzes ein Schwingungssystem zu sein, in dem alles miteinander in Resonanz steht.

Die Angelegenheit ist jedoch noch komplexer: Kinder erhalten ja nicht erst mit dem Augenblick der Abnabelung einen Charakter – den hatten sie auch schon vorher, also sie noch im Bauch ihrer Mutter waren. Wenn jedoch der Charakter sich schon vor der Geburt entwickelt, doch diese Prägung des Charakters (Horoskop) erst im Augenblick der Abnabelung berechenbar wird, muss es noch eine umfassendere Ordnung geben, die dafür sorgt, dass der vorgeburtlich entstandene Charakter mit dem Horoskop zusammenpasst.

Doch diese Betrachtung ist eine andere Geschichte …

- - -

Eine Schwingung besteht solange weiter, wie das System selber weiterbesteht. Das System braucht allerdings Nahrung und Energie, um weiterzubestehen und weiterschwingen zu können.

Es kann auch durch andere Schwingungen in seiner Eigenschwingung gestört werden – das wären dann bei einem lebenden System die Krankheiten. Es sollte daher möglich sein, durch die Stärkung der Eigenschwingung und des eigenen Schwingungsbildes, die Schwingung des „Störsenders" auszulöschen und dadurch die kraftvolle Eigenschwingung wiederherzustellen. Das ist der Bereich der Heilkunst.

Es gibt natürlich auch interne Ursachen für Störungen der Eigenschwingung (Eigenfrequenz) und des eigenen Schwingungsbildes. Dies sind die psychischen Krankheiten. In der Regel liegt ihnen eine psychische Blockade oder gar ein psychischer Krampf (Trauma) zugrunde.

Die Wirkung solch einer Blockade oder solch eines Krampfes lässt sich gut mit einem Vergleich beschreiben: Wenn man mit dem Fahrrad sehr schnell einen Berg hinunterfährt oder mit dem Motorrad sehr schnell auf der Autobahn fährt, kommt es vor, dass der Lenker rhythmisch zu wackeln beginnt. Wenn man dieses Wackeln (Schwingen) nicht in den Griff bekommt, wird man stürzen. Wenn man in solch einer Lage den Lenker starr greift und zur Ruhe zwingen will, wird das Wackeln noch heftiger und die Gefahr eines Sturzes wird noch größer. Wenn man den Lenker jedoch nur noch ganz locker hält, verebbt die Schwingung, die den Lenker zum hektischen Wackeln gebracht hat.

Entspannung hilft den Eigenrhythmus und das eigene Schwingungsbild zu erhalten – Verkrampfung und Zwang steigern hingegen die Zerstörung des Eigenrhythmus und des eigenen Schwingungsbildes. Ganz generell sind die Entspannung und das Zulassen von dem, was man ist, ein wichtiges Element bei den meisten Heilungen.

Auch das natürliche Vibrato der Gesangsstimme ist ja nichts, was man mit Druck machen kann, sondern etwas, was man nur zulassen kann.

Eine Schwingung endet, wenn das System selber zerfällt (Tod):

1. Das kann erstens durch interne Dissonanzen geschehen – z.B. durch einen Suizid.

2. Das kann zweitens durch Mangel an Energie geschehen – z.B. durch Verhungern oder Verdursten.

3. Das kann drittens durch äußere Einflüsse geschehen – wie bei dem eben angeführten Motorrad-Beispiel. Auch das Sektglas, das durch schrille Trompetentöne zerspringt, ist ein Beispiel dafür, wie durch einen äußeren Resonanz-Angriff die eigene Resonanz so heftig werden kann, dass die eigene Form zerstört wird.

Ein System kann also nur weiterschwingen, wenn es 1. nicht durch innere Widersprüche zerbricht, wenn es 2. nicht durch Mangel an Energie zu schwingen aufhört, und wenn es 3. nicht durch einen äußeren Einfluss zerstört wird.

Um weiterschwingen zu können, braucht ein System 1. eine weitgehende innere Widerspruchsfreiheit, 2. eine ausreichende Energiezufuhr von außen, und 3. einen Schutz gegen Angriffe von außen.

9. Fernwirkung

↗

Das Beispiel, in dem der Klang einer Trompete oder die Stimme einer Sängerin ein Sektglas in eine heftige Resonanz versetz und dadurch zersplittern lässt, ist auch dem Militär bekannt. Dieses Prinzip der Fernwirkung von Schall ist von ihnen aufgegriffen und zu Schallkanonen (Long-Range Acoustic Device) weiterentwickelt worden. Sie können extrem schmerzhafte Töne aussenden in eine gezielte Richtung ca. 1km weit aussenden. Die Waffe ist nicht tödlich, aber kann zu Gehörschäden führe

Bei den Hochfrequenz-Waffen wird durch eine Bombe kurzzeitig eine heftige Kurzwellen-Strahlung ausgesandt, die die gesamte Elektronik in dem betroffenen Bereich zerstört.

Elektromagnetische Wellen werden jedoch auch für friedliche Zwecke genutzt. So wurde z.B. durch das HAARP (High Frequency Active Auroral Research Program) in Alaska wurde mithilfe von Radiowellen die Atmosphäre untersucht.

Ein besonders geschicktes Beispiel für die Anwendung von elektromagnetischen Wellen findet sich 2015 bei dem Vorbeiflug der Raumsonde „New Horizons" an dem Planeten Pluto. Als sich die Raumsonde hinter dem Pluto befand, richteten viel der Radioteleskope auf der Erde ihre Teleskope auf den Pluto aus und kehrten ihre Funktion um: Anstatt Radiowellen zu empfangen, sandten sie Radiowellen aus. Dadurch konnte die Raumsonde hinter dem Pluto ein Röntgenbild der Pluto-Atmosphäre machen.

Das Prinzip der Schwingungen und der Resonanz ermöglicht es, auch Wellen auszusenden, um bestimmte Wirkungen zu erzielen. Das gilt nicht nur für Maschinen wie Schallkanonen, Hochfrequenzwaffen und Röntgenaufnahmen der Pluto-Atmosphäre, sondern auch für Menschen. Am deutlichsten wird dies im Gesang.

Die Wirkung des klassischen Gesangs, in dem nach der Lichtenberger Methode das natürliche Vibrato der Stimme wieder befreit wird, ist nicht auf den Sänger selber begrenzt, denn auch die Zuhörer können die entspannte Identitäts-Sicherheit, die in diesem natürlichen Vibrato liegt, spüren und dadurch angeregt werden, auch in sich selber nach diesem natürlichen Vibrato zu suchen. Dabei kann es auch helfen, mit jemandem zu singen, der bereits mit diesem natürlichen Vibrato singen kann.

Der tibetische Bassgesang, der dem „Grunt" in der Metal-Musik ähnelt, ruft in dem Zuhörer einen meditativen Zustand hervor – vermutlich einfach deshalb, weil man selber mit diesem tiefen Bass mitschwingt und dadurch selber auch in einen „tiefen" Zustand kommt. Bei dieser Art des Gesangs werden die Stimmbänder locker gelassen, sodass sie anders schwingen wie beim normalen Sprechen und Singen. Auch die völlig entspannten Stimmbänder schwingen mit ca. 6Hz. Da die Tonhöhe durch die Höhe der Spannung der Stimmbänder bestimmt wird, aber die Stimmbänder bei dieser Gesangsweise vollkommen locker gelassen werden, hat dieser Gesang nur eine einzige Tonhöhe.

Bei dem Kehlkopfgesang, der vor allem von Völkern am nördlichen Polarkreis in Alaska, in Sibirien und in der Mongolei, aber z.B. auch von den Basken bekannt ist, werden dem normal gesungenen Grundton Obertöne und Untertöne hinzugefügt, die getrennt von dem normalen Gesang in ihrer Tonhöhe gelenkt werden können.

Durch die Resonanz können durch Wellen auch Fernwirkungen erzielt werden.

10. Festigkeit

In der Regel bewegen sich Wellen – Wellen auf der Oberfläche des Wassers, Schallwellen in der Luft, Druckwellen in der Erde … Doch es gibt auch Wellen, die sich nicht fortbewegen – eben die stehenden Wellen. Diese Wellen haben im Gegensatz zu allen anderen Wellen eine gewisse Festigkeit.

Die bekanntesten stehenden Wellen stammen aus der Musik.

- Im klassischen **Gesang** lernt man, mit seiner Stimme einen Raum zu erfüllen. Wenn das erreicht wird, kann die Stimme geradezu überwältigend klingen.

- Auch die meisten **Instrumente** erzeugen eine stehende Welle. Am offensichtlichsten ist dies bei den Saiten-Instrumenten und bei den auf Saiten basierenden Tasteninstrumenten, bei denen eben die Saite als stehende Welle schwingt.

Stehende Wellen können auch durch die Überlagerung von zwei Wellen mit gleicher Frequenz (Geschwindigkeit) und gleicher Amplitude (Wellenhöhe) entstehen.

- Solche Wellen kann man sowohl auf **Wasseroberflächen** als auch bei der Lichtbrechung beobachten. Dabei entsteht eine Fläche, auf der manche Punkte vollkommen in Ruhe bleiben (sie entsprechen den ruhenden Knoten bei der schwingenden Saite), während andere Stellen auf und ab schwingen (sie entsprechen den Bögen auf der schwingenden Saite).

- Die stehende Welle bei einer schwingenden **Saite** ist eine eindimensionale Welle – eine schwingende Linie. Die stehende Welle bei der Überlagerung zweier gleicher Wellen ist eine zweidimensionale Welle – eine schwingende Fläche.

Auch die Schwingungsbilder der Chladnischen Klangbilder sind stehende Wellen: Sie bewegen sich nicht von ihrem Ort fort, solange sich nichts an der sie anregenden Frequenz oder der Form des schwingenden Gegenstandes ändert.

Die Zentren dieser Schwingungsbilder sind beim Menschen die **Chakren** – die „Organe" des Lebenskraftkörpers. Die Linien zwischen diesen Zentren sind beim Menschen die **Sushumna** und die **Akupunktur-Meridiane** – die „Adern" des Lebenskraftkörpers.

Auf der Beständigkeit der stehenden Wellen beruht auch die Beständigkeit dieser Schwingungsbilder des Lebenskraftkörpers, also des Chakren-Systems.

Im Menschen gibt es viele elektromagnetische Prozesse – vor allem in den Nerven und im Gehirn. Da die elektromagnetische Energie als Welle aufgefasst werden kann, gibt es im Menschen folglich eine Vielzahl elektromagnetischer Schwingungen.

Man kann den Menschen aufgrund der vielen elektromagnetischen Vorgänge in ihm als ein „**elektromagnetisches Wesen**" auffassen.

Was sich aus dem Zusammenwirken dieser vielen elektromagnetischen Prozesse ergibt, ist noch nicht genauer erforscht worden. Immerhin zeigt das EEG deutlich, dass der Mensch als Ganzes je nach dem Bewusstseinszustand, in dem er sich gerade befindet (Wachen, Traum, Tiefschlaf) verschiedene elektromagnetische Rhythmen aufweist.

Die stehende Welle findet sich auch an noch einer anderen Stelle, die das Fundament der derzeitigen Naturwissenschaften ist: Die Superstrings sind kreisförmige stehende Wellen.

Die **Superstrings** sind in der derzeitigen physikalischen Theorie die kleinsten Einheiten, aus denen unsere Welt besteht. Sie sind als erstes von Werner Heisenberg als „Spin-Ketten" beschrieben worden. Die kleinste Spin-Kette – die des Gravitons – besteht aus einem Kreis von zwölf ruhenden Knoten und dazwischen zwölf gleichgroßen schwingenden Bereichen. Da diese Folge einer schwingenden Saite – also einer stehenden Welle – gleich, sind diese „Heisenberg'schen SpinKetten" der Einfachheit halber „strings", also „Saiten" genannt worden.

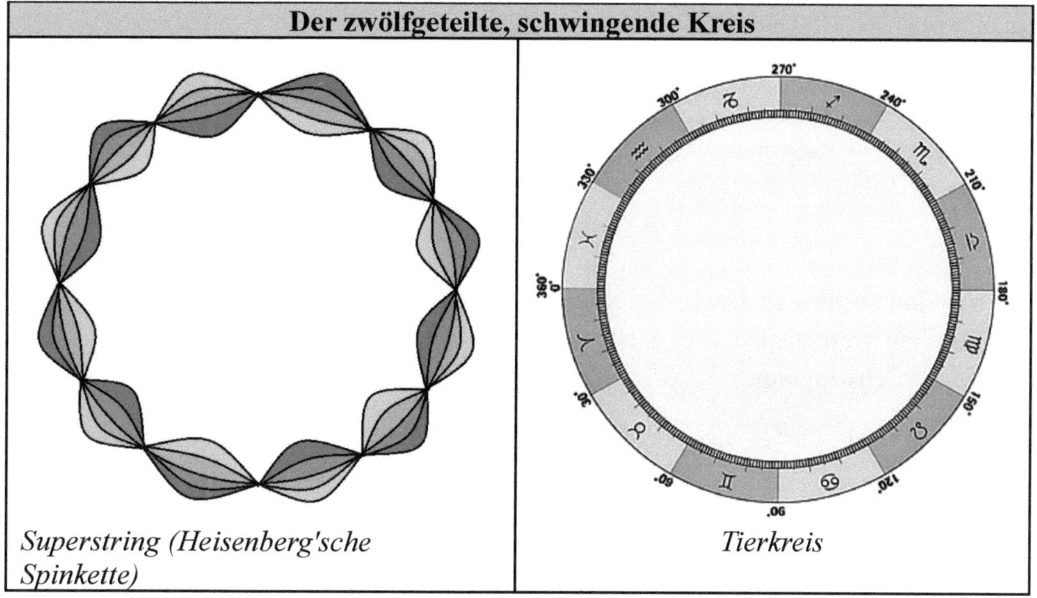

Superstring (Heisenberg'sche Spinkette)

Tierkreis

Der aus der Sicht der in dem vorliegenden Buch angestellten Betrachtung der Schwingungen interessanteste Punkt ist, dass die Form dieser **Superstrings** und die Form des **Tierkreises** genau übereinstimmen. Es ist daher anzunehmen, dass zwischen beidem ein enger Zusammenhang besteht und diese zwölfgeteilte Kreisschwingung die Urform aller Schwingungen und Schwingungsbilder ist.

Diese Zwölferteilung findet sich auch – wie bereits gesagt – auch bei den zwölf Akupunktur-Meridianen, die auch von ihrer Qualität her weitgehende mit den Qualitäten der zwölf Tierkreiszeichen übereinstimmen.

Man kann die Beständigkeit von Systemen von den in ihnen wirkenden stehenden Wellen herleiten, die stabile Schwingungsbilder (Chladnische Klangfiguren, Chakren, Tierkreis) entstehen lassen.

11. Kopplung

≈

Bisher sind in diesem Buch die Schwingungen hauptsächlich als Einzelphänomene beschrieben worden. Doch es stellt sich natürlich die Frage, auf welche Weise verschiedene Schwingungen zusammenwirken.

Wie fast überall, gibt es hier verschiedene Möglichkeiten:

- Wenn sich **gleiche Schwingungen** (gleiche Frequenzen) oder verwandte Schwingungen (z.B. doppelt so große Frequenzen) begegnen, werden sie sich mühelos überlagern und sich gegenseitig stabilisieren: zwei Sänger in einem Duett.

- Wenn sich gleiche Schwingungen treffen, aber die eine Schwingung zu **heftig** ist (sehr große Amplitude), kann das stark schwingende System das nur schwach schwingende System zerstören: das im Trompetenschall zersplitternde Sektglas.

- Wenn sich zwei **verschiedene Schwingungen** treffen, kann die stärkere Schwingung die schwächere Schwingung zerstören, wodurch das betreffende System dann wahrscheinlich zerbricht: ein in heftigem Seegang ins Schlingern geratenes Schiff kann zerbrechen oder kentern.

In der Natur finden sich Schwingungs-Koppelungen sehr anschaulich in der Astronomie:

- 60° auf einer Planetenumlaufbahn vor einem Planeten und auch 60° hinter dem Planeten auf seiner Umlaufbahn finden sich stabile Punkte, auf denen sich kleine Himmelskörper dauerhaft aufhalten können. Die Himmelkörper an diesen Stellen werden „**Trojaner**" genannt.

- Es ist sogar möglich, dass sich auf diesen 60° voneinander entfernten Punbkten auf einer Umlaufbahn stationäre Monde befinden. Insgesamt gibt es auf jeder Kreisbahn um einen Zentralkörper **sechs solche stabilen Punkte**, die alle 60° voneinander entfernt sind. Es können also z.B. sechs Monde auf derselben Umlaufbahn um einen Planeten kreisen.

- Auch das **zweitinnerste Elektronen-Orbital** in den Atomen hat Platz für sechs Elektronen. Es ist jedoch nicht ganz sicher, ob sie auf dieselbe Weise angeordnet sind die die sechs Monde auf ihrer gemeinsamen Umlaufbahn um einen Planeten

- Manche Planeten wie z.B. der Merkur oder auch Monde wie z.B. der Erdmond haben eine **Koppelung der Eigenrotation mit der Umlaufzeit**.

- Der **Mond** dreht sich einmal während einem Umlauf um die Erde um die eigene Achse, was dazu führt, dass immer dieselbe Seite des Mondes zur Erde zeigt. Der **Merkur** dreht sich hingegen im Verlauf von zwei Umläufen um die Sonne dreimal um die eigene Achse.

Die Chakren sind ein Beispiel für die Koppelung von vielen einzelnen Schwingungs-Prozessen zu einem Gesamt-Schwingungsbild.

Die verschieden EEG-Frequenzen bei den verschiedenen Bewusstseins-Zuständen (Wachen, Schlafen, Tiefschlaf) weisen auf verschiedene Möglichkeiten der Koppelung der elektromagnetischen Schwingungen im Menschen hin.

Die Verdopplung der Schwingungs-Frequenz – also die jeweils nächsthöhere Oktave – führt zu einer neuen Bewusstseins-Ebene:

        2- 4Hz (∅ **3**Hz): Tiefschlaf
        4- 8Hz (∅ **6**Hz): Traum
        8-16Hz (∅ **12**Hz): Wachen
       16-32Hz (∅ **24**Hz): Erregung

Die Koppelung von komplexen Schwingungen wie denen im menschlichen Körper sind bisher noch nicht gründlich erforscht worden. Vermutlich ließen sich dadurch einige wertvolle Hinweise auf die Integration der Psyche und die Heilung des Körpers finden.

48

Möglicherweise kann die Kirlian-Fotografie, bei der das elektromagnetische Feld des Menschen fotografiert wird, eine Hilfe bei dieser Forschung sein.

Es gibt eine Koppelung von komplexen und vielfältigen Schwingungen in einem System wie dem Menschen, die jedoch bisher nur in Ansätzen erforscht worden ist.

12. Bewusstsein

H

Die im vorigen Kapitel beschrieben Frequenzen des Tiefschlafs, des Träumens, des Wachens und der Erregung, die Oktaven zueinander sind, ermöglichen eine sehr interessante, wohltuende und heilsame Tätigkeit: die Meditation.

Beim Meditieren werden zwei oder mehr verschiedene Arten des Bewusstseins miteinander gekoppelt, d.h. man ist gleichzeitig in zwei oder mehr Bewusstseins-Zuständen. Das ist nur möglich, weil die verschiedenen Bewusstseins-Zustände Oktaven voneinander sind und sich daher ohne jeden Energieverlust miteinander koppeln lassen – so wie ein gleichzeitiges „a" und ein „a'" auf dem Klavier nicht nur harmonisch, sondern vollkommen miteinander im Einklang klingen.

Die vier Bewusstseinszustände entsprechen den sieben Chakren:

Tiefschlaf: Herzchakra (Mitte)

Träumen: Sonnengeflecht + Halschakra (unter bzw. über dem Herzchakra)

Wachen: Hara und Drittes Auge (unter bzw. über den beiden vorigen Chakren)

Erregung: Wurzelchakra und Scheitelchakra (ganz außen)

Diese Symmetrie lässt sich graphisch leichter erfassen:

Chakren, EEG-Frequenzen und Bewusstseins-Zustände			
Chakren	*Bewusstseins-Zustände*	*EEG-Frequenzen*	*Symmetrie*
Scheitelchakra	Ekstase	⌀ 24Hz	
Drittes Auge	Wachen	⌀ 12Hz	
Halschakra	Traum	⌀ 6Hz	
Herzchakra	Tiefschlaf	⌀ 3Hz	
Sonnengeflecht	Traum	⌀ 6Hz	
Hara	Wachen	⌀ 12Hz	
Wurzelchakra	Ekstase	⌀ 24Hz	

Die verschiedenen Arten der Meditation lassen sich nach den Bewusstseinsarten, die dabei aneinander gekoppelt werden, unterscheiden:

Die Formen der Meditation			
Bewusstseinsarten			*Meditationsform*
Tiefschlaf (Herzchakra)	*Träumen (Sonnengeflecht, Halschakra)*	*Wachen (Hara, Drittes Auge)*	
	Träumen +	Wachen	= Traumreise
Tiefschlaf +		Wachen	= Stille-Meditation
Tiefschlaf +	Träumen	Wachen	= Seelen-Begegnung

Wenn zu diesen Formen der Meditation der Erregungs-Zustand, also die einsgerichtete Ekstase (Orgasmus, Panik, vollkommene Konzentration u.ä.) hinzukommt, entsteht zusätzlich zu dem inneren Zustand noch eine äußere Wirkung, was im Allgemeinen „Magie" o.ä. genannt wird.

Die Formen der Meditation und der Magie				
Bewußtseinsarten				Meditationsform
Tiefschlaf (Herzchakra)	Träumen (Sonnengeflecht, Halschakra)	Wachen (Hara, Drittes Auge)	Ekstase (Wurzelchakra, Scheitelchakra)	
		Wachen		= Wachen
		Wachen +	Ekstase	= Orgasmus, Panik u.ä.
	Träumen +	Wachen		= Traumreise
	Träumen +	Wachen +	Ekstase	= gewöhnliche Magie
Tiefschlaf +		Wachen		= Stille-Meditation
Tiefschlaf +		Wachen +	Ekstase	= „Seelen-Magie"
Tiefschlaf +	Träumen	Wachen		= Seelen-Begegnung
Tiefschlaf +	Träumen	Wachen +	Ekstase	= Liebe zur Seele

Nicht nur Menschen können meditieren, auch einige Tierarten haben die Meditation erlernt, um überleben zu können.

Die Säugetiere, die beständig im Meer leben wie die Delphine und Wale haben gelernt, gleichzeitig wach zu sein und zu träumen bzw. in den Tiefschlaf zu gehen. Das sind die Meditationsformen der Traumreise und der inneren Stille. Wenn eine Schar von Delphinen schläft, bleiben immer einige Delphine als Wächter wach, die auf äußere Bedrohungen achten und auch darauf, dass die Delphine nicht in einen „unbewussten Schlaf" fallen und dann ertrinken. Delphine atmen Luft und müssen daher in regelmäßigen Abständen auftauchen – was jedoch im normalen Schlaf nicht möglich ist. Sie können jedoch als Alternative zum Schlafen eine Weile in den Traumreise-Zustand und in den Stille-Zustand gehen, die dieselbe Wirkung wie der Schlaf haben.

Dieselbe Beobachtung kann man bei den Vogelarten, die entweder sehr lange Zeiten fliegen wie der Albatros oder fast ihr ganzes Leben lang ununterbrochen fliegen wie der Mauersegler, machen. Sie haben ebenfalls die Fähigkeit des „bewussten Schlafes", also die Meditation erlernt.

Auch im Bereich der Meditation kann die Resonanz sehr hilfreich sein. Wenn man z.B. als Anfänger mit einem Fortgeschrittenen zusammen meditiert, kann es sein, dass man von ihm die Fähigkeit geschenkt bekommen, in die innere Stille zu gehen und nichts mehr zu sehen, zu denken oder zu fühlen, sondern nur noch Bewusstsein zu sein, dass sich seiner selber bewusst ist.

Auf dieser Resonanz-Möglichkeit, die ein sehr schnelles Lernen ermöglichen kann, beruht die Wichtigkeit des Gurus in der indischen Tradition.

Man kann die Koppelung der Schwingungen und der Schwingungsbilder aller einzelnen Menschen als das kollektive Unterbewusstsein auffassen. Nach diesem Modell kann sich jeder durch das meditative Herstellen einer Resonanz zwischen dem eigenen Unterbewusstsein zu dem kollektiven Unterbewusstsein eine bewusste Verbindung zu dem kollektiven Unterbewusstsein herstellen.

Die dafür notwendige Meditation ist die Traumreise, da bei ihr das Wachbewusstsein und das Unterbewusstsein miteinander koordiniert und als Einheit benutzt werden. Während einer solchen Traumreise in das kollektive Unterbewusstsein kann man den Gottheiten (Urbilder) begegnen.

Die Koppelung zweier Bewusstseinsarten lässt sich als eine Zuordnung der Schwingungen der einen Bewusstseinsart zu der anderen auffassen. Das lässt sich wieder einfacher durch ein Diagramm veranschaulichen:

Koordination der Bewußtseinsrhythmen	
	unkoordinierte Wellen/Rhythmus (Normalbewußtsein)
Tiefschlaf	
Traumbewußtsein	
Wachbewußtsein	
Ekstase	

	koordinierte Wellen/Rhythmus (Meditation)
Tiefschlaf	
Traumbewußtsein	
Wachbewußtsein	
Ekstase	

Aus der Möglichkeit, Bewusstseins-Phänomene mithilfe von Schwingungen zu beschreiben, ergibt sich auch die Möglichkeit, einige nicht-physikalische Phänomene ebenfalls mithilfe von Schwingungen zu beschreiben.

- Mit dem Begriff „**Positives Denken**" wird das Phänomen beschrieben, dass man bessere Ergebnisse erzielt, wenn man daran glaubt – oder sogar davon überzeugt ist – dass man sein Ziel erreichen kann. Hier wird ein Zusammenhang zwischen dem eigenen Bewusstsein und dem eigenen Erfolg der Handlungen deutlich. Man könnte diesen Erfolg natürlich auch die psychische Haltung zurückführen, aber manche Phänomene in diesem Zusammenhang sind derart deutliche „sinnvolle Zufälle", dass man geneigt ist, von einem Resonanz-Phänomen zu sprechen.

- Ebenso lässt sich die **Telepathie** als ein Resonanz-Phänomen beschreiben: Der Bewusstseinsinhalt (Bild, Gedanke Gefühle) des einen Menschen wird per Resonanz auf einen anderen übertragen (wenn der „Sender" aktiv ist) bzw. man geht bewusst in Resonanz mit dem Bewusstseinsinhalt einen anderen (wenn der „Empfänger" aktiv ist).

- Auch die **Telekinese** lässt sich auf dieselbe Weise als ein Resonanz-Phänomen beschreiben – wobei es hier nur den Aktiven gibt, der das Phänomen in Gang setzt.

- Die **Hypnose** als „Bewusstseins-Fernwirkung" ist eine Form der Telepathie. Dies zeigt sich daran, dass auch die Fernhypnose möglich ist, bei der der Hypnotisierte an einem anderen Ort ist und den Hypnotiseur gar nicht sehen und hören kann. Zudem ist das Gefühl beim Hypnotisieren und bei der Telepathie ausgesprochen ähnlich.

- Beim Heilen mit alternativen Methoden gibt es die Möglichkeit der **Bewusstseinsübertragung**, d.h. der Heiler weitet sein Bewusstsein auf den Körper des Kranken aus und kann dadurch wahrnehmen, wo die Beschwerden des Kranken ihren Ursprung haben und was die Ursachen dieser Krankheit sind. Dies ist eine Form der souveränen Telepathie. Wenn der Heiler auch noch gelernt hat, diese Krankheitsursachen zumindest teilweise durch seine eigenen Bewusstseinstätigkeiten in dem Körper des Kranken zu heilen, kommt auch noch die Telekinese hinzu.

-   Generell kann man die **Magie**, also das Hervorrufen materieller Veränderungen durch das eigene Bewusstsein, als Resonanz-Phänomen auffassen.

-   Die beiden wesentlichen Haltungen des Bewusstseins, die all diese Phänomene ermöglichen, sind die **Imagination** und die **Einsgerichtetheit** („entspannte Konzentration). „Imagination" bedeutet, dass man sich das erwünschte Ziel bildhaft vorstellt. „Einsgerichtetheit" bedeutet, dass man das Ziel ohne Einschränkung erreichen will, dass es also zu dem „Ja" zu dem Ziel nicht noch ein „aber" gibt – „Ja, aber ..."-Wünsche sind nicht sehr effektiv bzw. führen zu Wunscherfüllungen, die dann eine dem „aber" entsprechenden Makel haben. Diese Wünsche wirken am besten, wenn sie sich nicht zu sehr auf konkrete Einzelheiten richten, sondern auf das Gefühl, das man haben wird, wenn man das Ziel erreicht – das lässt der Resonanz mehr Spielraum, um den Wunsch zu erfüllen.

Die Mediation ist ein Nutzen der Möglichkeiten des Bewusstseins, dessen verschiedene Arten, da sie alle verschiedene Schwingungsformen mit verschiedenen Frequenzen sind, miteinander koordiniert und aneinander gekoppelt werden können.
Auf der durch die Meditation entstehenden größeren inneren Ordnung beruht die für Psyche und Körper heilsame Wirkung der Meditation.

Magie für Anfänger
- Telepathie für Anfänger (60 S.)
- Telepathie für Fortgeschrittene (52 S.)
- Telekinese für Anfänger (52 S.)
- Analogien für Anfänger (56 S.)
- Omen und Orakel für Anfänger (52 S.)
- Lebenskraft für Anfänger (60 S.)
- Meditation für Anfänger (56 S.)
- Kundalini für Anfänger (100 S.)
- Hypnose für Anfänger (56 S.)
- Kampfmagie für Anfänger (172 S.)
- Auto-Movement für Anfänger (56 S.)
- Chakra-Magie für Anfänger (148 S.)
- Astralreisen für Anfänger (56 S.)
- Astrologie für Anfänger (120 S.)
- Astrologische Quadrate für Fortgeschrittene (72 S.)
- Partnerhoroskope für Anfänger (100 S.)
- Silberschnüre für Anfänger (52 S.)
- Zaubersprüche für Anfänger (60 S.)
- Ritual-Magie für Anfänger (56 S.)
- Mandalas für Anfänger (68 S.)
- Geldzauber für Anfänger (56 S.)
- Liebeszauber für Anfänger (52 S.)
- Invokationen für Anfänger (52 S.)
- Evokationen für Anfänger (60 S.)
- Geister für Anfänger (52 S.)
- Elfen für Anfänger (56 S.)
- Magie-Forschung für Anfänger (140 S.)
- Magie-Romantik für Anfänger (60 S.)
- Selbsterkenntnis für Anfänger (52 S.)
- Einweihungen für Anfänger (60 S.)
- Drogen-Kabbala für Anfänger (216 S.)
- Zahlensymbolik für Anfänger (60 S.)
- Die Sprache des Mondes – für Anfänger (116 S.)
- Zaubergesänge für Anfänger (100 S.)
- Zukunftschau für Anfänger (60 S.)
- Schamanismus für Anfänger (52 S.)
- Schwitzhütten für Anfänger (52 S.)
- Magische Gegenstände für Anfänger (68 S.)
- Übertragungen für Anfänger (68 S.)
- Zaubertränke für Anfänger (64 S.)
- Magie-Gesten für Anfänger (252 S.)
- Da'ath-Magie für Anfänger (64 S.)
- Magie-Heilungen für Anfänger (68 S.)
- Kornkreise für Anfänger (348 S.)
- Feng Shui für Anfänger (96 S.)
- Tao für Anfänger (112 S.)
- Magie für Anfänger – Sammelband   I (696 S.)
- Magie für Anfänger – Sammelband II (664 S.)
- Magie für Anfänger – Sammelband III (580 S.)
- Magie für Anfänger – Sammelband IV (700 S.)
- Magie für Anfänger – Sammelband V (676 S.)
- Magie für Anfänger – Sammelband VI (640 S.)

Magie
- Handbuch für Zauberlehrlinge (408 S.)
- Wie man das Pentagramm-Ritual zum Leben erweckt (308 S.)
- Tarot (104 S.)
- Physik und Magie (184 S.)
- Die Synthese von Physik und Magie (200S.)
- Die Magie-Formel (156 S.)
- Schwarze Löcher in der Magie (56 S.)
- Krafttiere – Tiergöttinnen – Tiertänze (112 S.)
- Schwitzhütten (524 S.)
- Mythen und Magie der Harfe (116 S.)
- Drei Adeptus Major Rituale (192 S.)
- Drei Adeptus Exemptus Rituale (120 S.)
- Zwei Infans Abyssi Rituale (128 S.)

Traumreisen
- Traumreisen zu Heilpflanzen (700 S.)
- Traumreisen zum kabbalistischen Lebensbaum (132 S.)

Meditation
- Der Lebenskraftkörper (230 S.)
- Die Chakren (100 S.)
- Das Chakren-System mit den Nebenchakren (296 S.)
- Organe und Chakren (64 S.)
- Die platonischen Körper in den Chakren (156 S.)
- Meditation (140 S.)
- Drachenfeuer (124 S.)
- Kundalini I (676 S.)
- Kundalini II (672 S.)
- Reinkarnation (156 S.)
- einsgerichtet (140 S.)

Astrologie
- Astrologie (496 S.)
- Photo-Astrologie (428 S.)
- Die astrologischen Aspekte (88 S.)
- Horoskop und Seele (120 S.)

Kabbala
- Kursus der praktischen Kabbala (150 S.)
- Eltern der Erde (450 S.)
- Blüten des Lebensbaumes:
    1. Die Struktur des kabbalistischen Lebensbaumes (370 S.)
    2. Der kabbalistische Lebensbaum als Forschungshilfsmittel (580 S.)
    3. Der kabbalistische Lebensbaum als spirituelle Landkarte (520 S.)
- Logik und Wirkung der Analogie (700 S.)

Eilenstein, Frater V.D., Knecht, Büdenbender
- Magie heute – Berichte aus der Praxis (288 S.)

Büdenbender, Eilenstein
- Chaos, Alk und Magic (436 S.)

die „Anfänger"-Reihe
- The Synthesis of Physics and Magic (192 p.)
- Telepathy for Beginners (60 p.)
- Telepathy for Advanced Learners (52 p.)
- Telekinesis for Beginners (56 p.)
- Life Force for Beginners (76 p.)
- Kundalini for Beginners (104 p.)
- Astral Projection for Beginners (60 p.)
- Meditation for Beginners (60 p.)
- Prophecy for Beginners (60 p.)
- Ritual Magic for Beginners (64 p.)
- Magic Chant for Beginners (108 p.)
- Invocations for Beginners (52 p.)
- Evocations for Beginners (62 p.)
- Auto-Movement for Beginners (60 p.)
- Elves for Beginners (56 p.)
- Hypnosis for Beginners (56 p.)
- Love Magic for Beginners (52 p.)
- Money Magic for Beginners (60 p.)
- Magic Objects for Beginners (64 p.)
- Shamanism for Beginners (52 p.)
- Chakra-Magic for Beginners (148 p.)
- Language of the Moon – for Beginners (128 p.)
- Self Knowledge for Beginners (60 p.)
- Da'ath-Magic for Beginners (64 p.)
- Astrology for Beginners (112 p.)
- Number Symbolism for Beginners (64 p.)
- Mandalas for Beginners (76 p.)
- Crop Circles for Beginners (344 p.)
- Feng Shui for Beginners (96 p.)
- Magic Research for Beginners (140 p.)
- Magic for Beginners – Anthology I (636 p.)
- Magic for Beginners – Anthology II (616 p.)
- Magic for Beginners – Anthology III (684 p.)
- Magic for Beginners – Anthology IV (580 p.)

Eilenstein, Frater V.D., Knecht, Büdenbender
- Living Magic (261 S.) (= „Magie heute")

sonstige englische Ausgaben
- The Biography of the Devil (140 S.)
- The Synthesis of Physics and Magic (192 S.)
- The Chakra-System with the Minor Chakras (304 S.)